高等职业教育"十二五"规划教材

高职高专模具设计与制造专业任务驱动、项目导向系列化教材

模具制作实训

主 编 张玉中 曹明

国防工业出版社

·北京·

内 容 简 介

本书是为高职高专模具设计与制造专业实践教学而编写的一本教材。本书选择了难度适宜、适合初学者学习的典型模具,作为模具制作实训课程的教学内容。本书以工厂生产模具过程(工作过程)为导向,采用多项目形式组织教学:接头倒装复合模制作项目,焊片顺装复合模制作项目,管卡级进模制作项目,管卡弯曲模制作项目,盖板注塑模制作项目,机壳注塑模制作项目,瓶盖注塑模制作项目,整流器外壳注塑模制作项目。附录主要介绍模具装配要求及装配加工。

本书适合作为高等职业院校、中等职业学校模具类专业学生的实训教材,也可作为模具行业入门的自学、培训教材。

图书在版编目(CIP)数据

模具制作实训/张玉中,曹明主编 . —北京:国防工业出版社,2013.10

高职高专模具设计与制造专业任务驱动、项目导向系列化教材

ISBN 978-7-118-08986-8

Ⅰ.①模… Ⅱ.①张… ②曹… Ⅲ.①模具—制造—高等职业教育—教材 Ⅳ.①TG76

中国版本图书馆 CIP 数据核字(2013)第 236797 号

※

*国防工业出版社*出版发行

(北京市海淀区紫竹院南路 23 号 邮政编码 100048)

北京奥鑫印刷厂印刷

新华书店经售

*

开本 787×1092 1/16 印张 13¾ 字数 342 千字

2013 年 10 月第 1 版第 1 次印刷 印数 1—4000 册 定价 27.00 元

(本书如有印装错误,我社负责调换)

国防书店:(010)88540777 发行邮购:(010)88540776
发行传真:(010)88540755 发行业务:(010)88540717

高等职业教育"十二五"规划教材
高职高专模具设计与制造专业任务驱动、项目导向系列化教材

编审委员会

顾问

屈华昌

主任委员

王红军(南京工业职业技术学院)　　匡余华(南京工业职业技术学院)

游文明(扬州市职业大学)　　　　　陈　希(苏州工业职业技术学院)

秦松祥(泰州职业技术学院)　　　　甘　辉(江苏信息职业技术学院)

李耀辉(苏州市职业大学)　　　　　郭光宜(南通职业大学)

李东君(南京交通职业技术学院)　　舒平生(南京信息职业技术学院)

高汉华(无锡商业职业技术学院)　　倪红海(苏州健雄职业技术学院)

陈保国(常州工程职业技术学院)　　黄继战(江苏建筑职业技术学院)

张卫华(应天职业技术学院)　　　　许尤立(苏州工业园区职业技术学院)

委员

陈显冰	池寅生	丁友生	高汉华	高　梅	高颖颖
葛伟杰	韩莉芬	何延辉	黄晓华	李洪伟	李金热
李明亮	李萍萍	李　锐	李　潍	李卫国	李卫民
梁士红	林桂霞	刘明洋	罗　珊	马云鹏	聂福荣
牛海侠	上官同英	施建浩	宋海潮	孙　健	孙庆东
孙义林	唐　娟	腾　琦	田　菲	王洪磊	王　静
王鑫铝	王艳莉	王迎春	翁秀奇	肖秀珍	徐春龙
徐年富	徐小青	许红伍	杨　青	殷　兵	殷　旭
尹　晨	张　斌	张高萍	张祎娴	张颖利	张玉中
张志萍	赵海峰	赵　灵	钟江静	周春雷	祝恒云

前言

随着我国模具工业的发展，需要大量熟练的模具制造人员，而模具制造岗位是一个需要较长时间积累经验、综合技能要求高的岗位。因此，如何使学生在学校较短的学习时间内，较快地掌握模具知识和技能，到企业后能快速上手，与企业要求零距离接轨，是我们在职业教学过程中要着力解决的问题。本书正是在这种背景下编写的。

本书是一本实践教材，依据模具企业职业岗位的需要，突出实用性，注重典型性、可行性。以模具生产过程为导向，以提高学生实践操作能力为核心，以满足高等职业教育人才培养为宗旨，坚持"适度够用"的原则，设计、选择并组织教材内容，强调"教、学、练"结合，边讲边练，重点在"练"，在"练"中"学"。通过完成典型模具的结构分析、模具零件加工、模具装配、安装、调试等练习，使学生在有限时间内，提高制造模具的综合技能，较好地满足工作岗位需要。

本书具有明显的职教特色，采用项目形式，使用灵活方便。教学时，可在8个项目的典型模具中，任选1个或多个项目作为模具制作实训课程教学内容，通过在实训场所完成1副或多副模具的制造，提高模具专业学生的动手能力及制造模具的技能。

本书由江苏信息职业技术学院张玉中老师、曹明老师编写，项目一至项目四、附录由张玉中编写，项目五至项目八由曹明编写，张玉中负责统稿。在编写过程中，得到模具企业的大力支持。无锡市佳泰精密模具有限公司总经理、模具工程师陈金林先生，中国电子科技集团公司第十四研究所高级工程师孔德林先生等专家，提供了部分模具资料，参加了本书部分项目的讨论和审核，提出了许多宝贵意见，在此表示衷心感谢！

由于作者知识水平有限，书中难免有疏漏之处，期待广大读者批评指正，以便下次修订时改正。

编　者
2013 年 7 月

目录 ▶▶▶

Ⅴ

1 项目一　接头倒装复合模制作

■ 学习目标

1. 学习、巩固倒装复合模的理论知识。
2. 掌握接头倒装复合模零件的加工工艺、加工方法。
3. 掌握接头倒装复合模的装配及调试方法。
4. 进一步熟悉机械加工设备、模具加工专用设备,巩固、提高操作技能。
5. 熟悉倒装复合模的制造过程。

■ 模具材料准备

接头倒装复合模材料见表1-1。

表1-1　接头倒装复合模材料

序号	名　称	材料	规　格	数量	备　注
1	模架		8#(中间导柱)	1	Q/320201AQ002·103
2	板料	Cr12	120×100×16.3	1	
3	板料	45钢	120×100×14	2	
4	板料	45钢	120×100×8.3	1	
5	板料	45钢	120×100×6.5	2	已加工好六面(其中两大面已磨好)
6	板料	45钢	120×100×12	1	
7	板料	45钢	75×55×17	1	
8	板料	Cr12	75×55×40.3	1	
9	板料	45钢	48×40×4.5	1	
10	棒料	45钢	$\phi50×90$	1	
11	棒料	45钢	$\phi15×450$	1	卸料螺钉及打杆
12	棒料	45钢	$\phi12×100$	1	
13	棒料	Cr12	$\phi15×100$	1	
14	内六角螺钉		M8×60	4	
15	内六角螺钉		M8×40	4	
16	内六角螺钉		M6×16	1	
17	沉头螺钉		M6×12	2	
18	圆柱销		$\phi8×65$	2	
19	圆柱销		$\phi8×40$	2	
20	圆柱销		$\phi8×35$	2	
21	圆柱销		$\phi5×10$	1	

接头倒装复合模制作评分标准,详见附录一模具制作实训评分标准。

任务1 倒装复合模制作准备

■任务分析

接头倒装复合模如图1-1所示,工件为1mm厚的铝板料。图1-2为工件及排样图。通过阅读接头倒装复合模具图样,要求学生能熟悉接头倒装复合模具的结构,了解接头的冲压过程,了解接头倒装复合模具的制造过程。

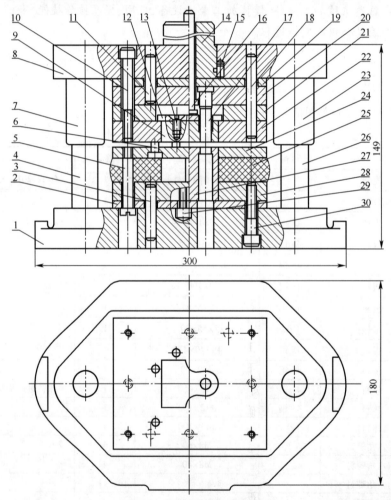

图1-1 接头倒装复合模

1—下模座;2—下垫板;3—圆柱销;4—导柱;5—卸料螺钉;6—挡料销;7—导套;8—上模座;9—推块;10—内六角螺钉;11—圆柱销;12—垫板;13—螺钉;14—模柄;15—圆柱销;16—打杆;17—凸模;18—圆柱销;19—上垫板;20—凸模固定板;21—空心垫板;22—凹模;23—导套;24—卸料板;25—橡皮;26—导柱;27—凸凹模;28—凸凹模固定板;29—内六角螺钉;30—内六角螺钉。

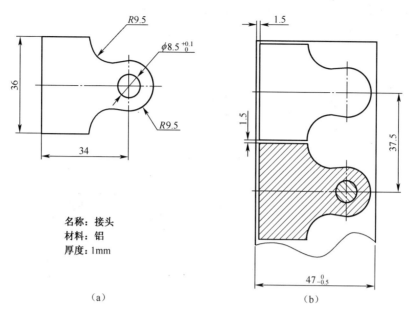

名称：接头
材料：铝
厚度：1mm

（a）

图1-2　工件及排样图
（a）工件图；（b）排样图。

知识技能准备

须具有倒装复合模的专业理论知识和模具零件加工等相关知识与技能，可参阅教材、专业书及相关手册。

任务实施

一、倒装复合模具结构

该模具采用凹模装在上模的倒装复合模，上模部分主要有冲孔凸模17、凹模22、空心垫板21、凸模固定板20、推块9、上垫板19等组成。内六角螺钉10把凹模、空心垫板、凸模固定板、上垫板等固定在上模座8上，圆柱销11、18确定凹模、凸模与上模座间的相对位置。下模部分主要有凸凹模27、凸凹模固定板28、下垫板2、卸料板24、挡料销6等组成。内六角螺钉30把固定板、垫板等固定在下模座1上，圆柱销3确定凸凹模在下模座上的相对位置。卸料螺钉5确定卸料板上下移动位置，挡料销6确定条料的模具上的位置，保证合理的搭边值，冲裁出合格的接头零件。

冲裁时，条料放在卸料板24上，当冲床滑块下降时，冲孔凸模17与落料凹模22随着下降，这时，冲孔凸模17在条料上冲出一个孔，冲孔的废料从凸凹模孔中落下；同时落料凹模22与凸凹模27相互作用进行落料。当冲床滑块上升时，在打杆16、推块9的作用下，工件从上模落料凹模的孔中和冲孔凸模上顶出来，卸料板在橡皮的作用下上升，将冲裁后的条料从凸凹模27上推出。每当条料送上一个步距时，即能冲出一个接头零件。

接头倒装复合模具结构紧凑，在滑块的一次行程中完成冲孔、落料两个工序，生产效率高，冲裁精度高，能满足接头零件的精度要求。

装配接头倒装复合模时,应保证冲孔凸模、凹模、凸凹模等零件的装配精度要求,特别应注意保证冲孔凸模和凸凹模上的凹模孔、凸凹模外形与落料凹模间的冲裁间隙均匀一致。

二、倒装复合模制作过程

接头倒装复合模的制作过程如图1-3所示。

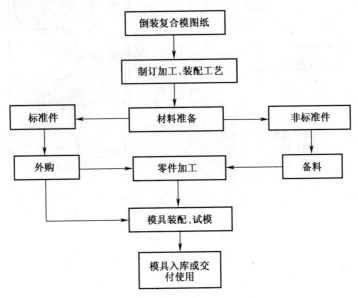

图1-3 接头倒装复合模的制作过程

■归纳总结

通过任务1学习,学生熟悉了倒装复合模具结构,了解了制造过程,为任务2模具零件加工做好准备。

任务2 模具零件加工

■任务分析

接头倒装复合模需要加工的零件有凸凹模、凹模、凸凹模固定板、凸模固定板、卸料板、空心垫板、上垫板、下垫板、推块、垫板、上模座、凸模、卸料螺钉、挡料销、模柄、打杆等,按照接头倒装复合模各零件的加工工艺,完成各零件的制作,达到图样要求。

(1)熟悉、掌握接头倒装复合模各零件的加工工艺。

(2)会操作磨床、铣床、车床、线切割机床等加工设备,完成接头倒装复合模各零件的制作。

■知识技能准备

实施任务2前,可学习教材、专业书及相关手册,完成必要的基础技能训练,需具备一定的专业知识和操作技能:

（1）具有倒装复合模零件加工的工艺知识。

（2）具有钳工基本操作技能，会进行划线、钻孔、攻丝、铰孔等钳工操作。

（3）会线切割机床编程与操作。

（4）具有操作磨床、铣床、车床等机床的知识与技能，会操作机床加工模具零件。

（5）具有一定的热处理知识。

（6）具有操作各加工设备的安全知识。

■任务实施

任务2.1　凸凹模零件加工

凸凹模零件如图1-4所示，共1件，材料为Cr12。凸凹模零件的坯料已经过备料、锻、热处理、铣、平磨5道加工工序，尺寸为75mm×55mm×40.3mm，要求从工序（6）开始，按照凸凹模零件的加工工艺，完成凸凹模零件的制作，达到图样要求。

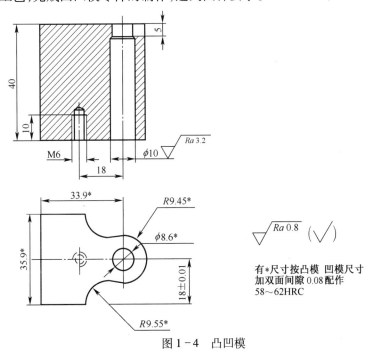

图1-4　凸凹模

一、凸凹模加工工艺

（1）备料。

（2）锻：锻成82mm×62mm×46mm。

（3）热处理：退火。

（4）铣：铣六面，成75mm×55mm×40.5mm，对角尺。

（5）平磨：磨上、下两面，成75mm×55mm×40.3mm。

（6）钳：按图1-5划线；打2×ϕ4mm穿丝孔，在ϕ8.6mm中心处，反扩孔ϕ10mm，保证刃口高度5.2mm；反面钻孔ϕ5mm，深15mm，孔口倒角；攻M6螺纹，深10mm。

（7）热处理:淬硬 58~62HRC。

（8）平磨:磨上、下两面,成 75mm×55mm×40mm。

（9）线切割:线切割成型,留单面研磨余量 0.005mm。

（10）钳:研磨线切割表面至要求。

（11）检验。

二、注意事项

（1）钳工划线应正确,钻头刃磨正确,ϕ4mm 穿丝孔不能歪斜。反扩孔 ϕ10mm 时,要仔细小心,保证刃口高度 5.2mm。

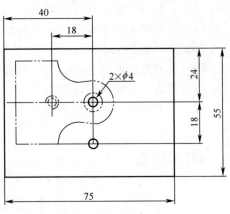

图 1-5 凸凹模划线

（2）操作平面磨床、线切割机床时要遵守机床安全操作规程。

（3）编程时应注意,有"＊"的尺寸应分别按圆型凸模及凹模所对应的实际尺寸加双面间隙 0.08mm 配作,单面留研磨余量 0.005mm。

（4）钳工攻 M6 螺纹时要与平面垂直,并加油润滑。

任务 2.2 凹模零件加工

凹模零件如图 1-6 所示,共 1 件,材料为 Cr12。凹模零件的坯料已经过备料、锻、热处理、铣、平磨 5 道加工工序,尺寸为 120mm×100mm×16.3mm,要求从工序（6）开始,按照凹模零件的加工工艺,完成零件的制作,达到图样要求。

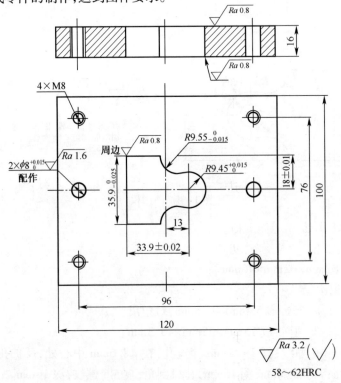

图 1-6 凹模

一、凹模加工工艺

（1）备料。

（2）锻：锻成 126mm×106mm×22mm。

（3）热处理：退火。

（4）铣：铣六面，成 120mm×100mm×16.5mm，对角尺。

（5）平磨：磨上、下两面，成 120mm×100mm×16.3mm。

（6）钳：外形倒角；按图划线；钻 4×M8 螺纹底孔 $\phi6.8$mm、$2\times\phi8^{+0.015}_{0}$mm 底孔 $\phi7.8$mm，孔口倒角；钻 $\phi4$mm 穿丝孔，穿丝孔位置如图 1-7 所示；攻 4×M8 螺纹，铰 $2\times\phi8^{+0.015}_{0}$mm 销钉孔。

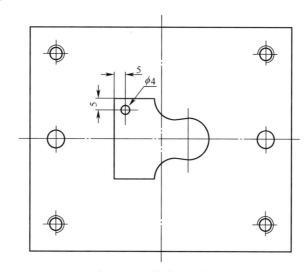

图 1-7 凹模穿丝孔位置

（7）热处理：淬硬 58～62HRC。

（8）平磨：磨上、下两面至尺寸。

（9）线切割：线切割成型，留单面研磨余量 0.005mm。

（10）钳：研磨线切割表面至要求。

（11）检验。

二、注意事项

（1）钳工划线时应先划中心线，再划其他位置线，尺寸要正确。钻头刃磨正确，$\phi4$mm 穿丝孔不能歪斜。攻螺纹时，丝攻要与凹模平面垂直，小心仔细，并加油润滑。铰孔时压力不要太大，铰刀不能反转。

（2）操作平面磨床、线切割机床时要遵守机床操作规程。

（3）钳工研磨型孔时不要损坏刃口。

任务2.3 凸凹模固定板加工

凸凹模固定板如图 1-8 所示，共 1 件，材料为 45 钢。凸凹模固定板零件的坯料已经过备料、锻、热处理、铣、平磨等加工工序，尺寸为 120mm×100mm×14mm，要求从工序(6)开始，按照凸凹模固定板零件的加工工艺，完成零件的制作，达到图样要求。

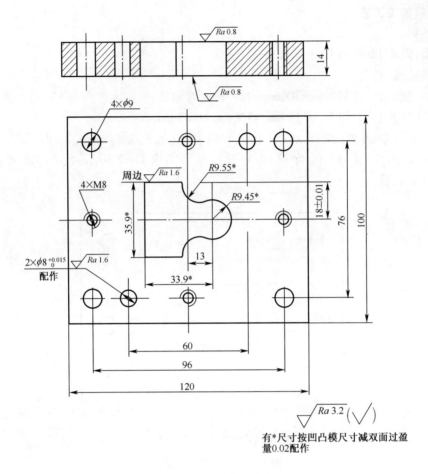

图 1-8　凸凹模固定板

一、凸凹模固定板加工工艺

（1）备料。

（2）锻:锻成 126mm×106mm×20mm。

（3）热处理:退火。

（4）铣:铣六面,成 120mm×100mm×14.5mm,对角尺。

（5）平磨:磨上、下两面,成 120mm×100mm×14mm。

（6）钳:倒角;按图划线;钻 $\phi4$mm 穿丝孔,钻 4×M8 螺纹底孔 $\phi6.8$mm,孔口倒角;攻 4× M8 螺纹。

（7）线切割:线切割成型。

（8）检验。

二、注意事项

（1）钳工划线应正确,4×$\phi9$mm 卸料螺钉过孔配作,不用划出孔的位置;2×$\phi8^{+0.015}_{0}$mm 销钉孔配作;$\phi4$mm 穿丝孔不能歪斜,穿丝孔位置同凹模,如图 1-7 所示。攻螺纹时要确保丝攻与凸凹模固定板平面垂直,小心仔细,并加油润滑。

（2）线切割编程时要考虑放 0.02mm 的过盈量。

（3）操作线切割机床时要遵守机床操作规程。

任务2.4　卸料板加工

卸料板如图1-9所示,共1件,材料为45钢。卸料板零件的坯料已经过备料、锻、热处理、铣、平磨5道加工工序,尺寸为120mm×100mm×8mm,要求从工序(6)开始,按照卸料板零件的加工工艺,完成零件的制作,达到图样要求。

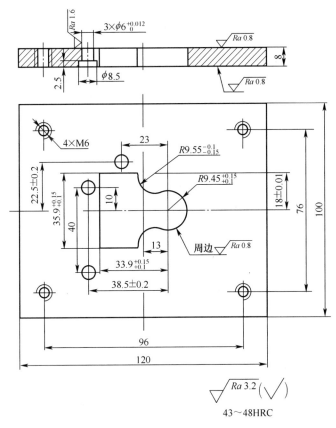

图1-9　卸料板

一、卸料板加工工艺

(1) 备料。

(2) 锻:锻成126mm×106mm×16mm。

(3) 热处理:退火。

(4) 铣:铣六面,成120mm×100mm×8.5mm,对角尺。

(5) 平磨:磨上、下两面,成120mm×100mm×8.3mm。

(6) 钳:外形倒角。

(7) 铣:用中心钻点钻3×φ6mm、穿丝孔及4×M6位置。

(8) 钳:钻4×M6螺纹底孔φ5mm,孔口倒角;在3×φ6$_0^{+0.012}$mm圆心处及型孔左上角处打穿丝孔φ4mm,扩3×φ6$_0^{+0.012}$mm沉孔φ8.5mm深2.5mm;攻4×M6螺纹。

(9) 热处理:淬硬43~48HRC。

（10）平磨：平磨两大平面至 8mm。

（11）线切割：线切割 $3 \times \phi 6^{+0.012}_{0}$ mm 及型孔。

（12）检验。

二、注意事项

（1）用中心钻点钻时，型孔中 $\phi 4$mm 穿丝孔的位置尺寸同图 1-7 所示的凹模。

（2）操作线切割机床时要遵守机床操作规程。

（3）钳工钻孔位置要正确，不能歪斜。攻螺纹时要保证丝攻与卸料板平面垂直，并加油润滑。

（4）注意安全操作。

任务2.5　凸模固定板加工

凸模固定板如图 1-10 所示，共 1 件，材料为 45 钢。凸模固定板零件的坯料已经过备料、锻、热处理、铣、平磨等加工工序，尺寸为 120mm×100mm×14mm，要求从工序（6）开始，按照凸模固定板的加工工艺，加工中间两个孔，达到图样要求。

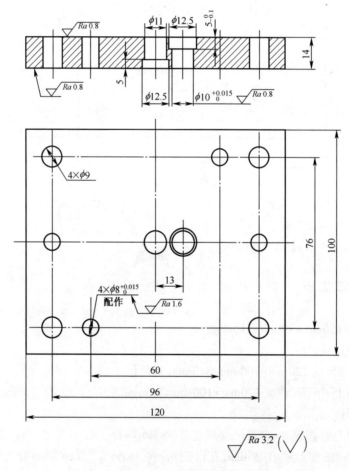

图 1-10　凸模固定板

一、凸模固定板加工工艺

（1）备料。

（2）锻：锻成 126mm×106mm×20mm。

（3）热处理：退火。

（4）铣：铣六面，成 120mm×100mm×14.5mm，对角尺。

（5）平磨：磨上、下两面，成 120mm×100mm×14mm。

（6）钳：倒角；按图划线；钻 ϕ11mm 孔、$\phi10^{+0.015}_{0}$mm 底孔 ϕ9.8mm、ϕ12.5mm 沉孔及 ϕ12.5mm 深 $5^{0}_{-0.1}$mm 沉孔，孔口倒角；铰 $\phi10^{+0.015}_{0}$mm 孔。

（7）检验。

二、注意事项

（1）凸模固定板仅完成中间两孔加工，4×ϕ9mm 孔，4×$\phi8^{+0.015}_{0}$mm 孔配作。

（2）钳工划线位置要正确，钻孔不能歪斜。

（3）铰 $\phi10^{+0.015}_{0}$mm 孔时要保证与凸模固定板大平面垂直度≤0.05mm。

（4）锪沉孔 ϕ12.5mm 时，要保证 $5^{0}_{-0.1}$mm 深度要求。

（5）注意钳工操作安全。

任务2.6　空心垫板加工

空心垫板如图1-11所示，共1件，材料为45钢。空心垫板零件的坯料已经过备料、锻、热处理、铣、平磨等加工工序，尺寸为 120mm×100mm×12mm，要求从工序（6）开始，按照空心垫板零件的加工工艺，完成零件的制作，达到图样要求。

一、空心垫板加工工艺

（1）备料。

（2）锻：锻成 126mm×106mm×18mm。

（3）热处理：退火。

（4）铣：铣六面，成 120mm×100mm×12.5mm，对角尺。

（5）平磨：磨上、下两面，成 120mm×100mm×12mm。

（6）钳：倒角；按图划中间型孔位置线；用 ϕ6mm 钻头钻排孔；去除中间废料。

（7）铣：铣中间型孔至要求。

（8）检验。

二、注意事项

（1）空心垫板仅完成中间型孔加工，6×ϕ9mm 孔配作。

（2）钳工划中间型孔位置线要正确。

（3）钻排孔时，相邻两孔不能相交，但也不能相离太远，最好能相切。在拐角处如不能用 ϕ6mm 钻头钻孔，可选择其他直径钻头。钻排孔时单面要留 1mm 左右的铣削余量。

（4）注意钻孔安全操作。

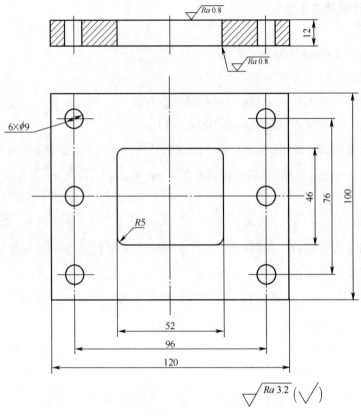

图 1-11 空心垫板

任务 2.7 上垫板加工

上垫板如图 1-12 所示,共 1 件,材料为 45 钢。上垫板零件的坯料已经过备料、锻、热处理、铣、平磨等加工工序,尺寸为 120mm×100mm×6.5mm,按照上垫板零件的加工工艺,仅钻中间 φ11mm 孔。

一、上垫板加工工艺

(1)备料。

(2)锻:锻成 126mm×106mm×14mm。

(3)热处理:退火。

(4)铣:铣六面,成 120mm×100mm×6.8mm,对角尺。

(5)平磨:磨上、下两面,成 120mm×100mm×6.5mm。

(6)钳:倒角;按图划中间型孔位置线;用 φ11mm 钻头钻孔,孔口倒角。

(7)检验。

二、注意事项

(1)上垫板仅钻中间 φ11mm 孔,其余 8×φ9mm 孔配作。

(2)热处理淬硬 43~48HRC 可在配作完成后进行,热处理后需磨削两大平面到 6mm。

(3)注意钳工安全操作。

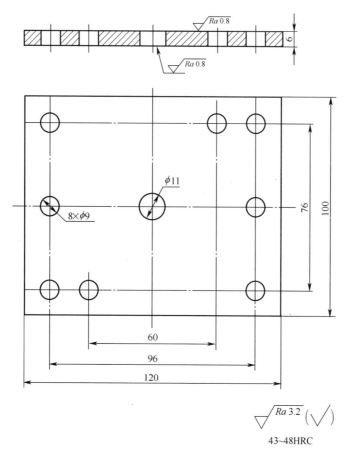

$\sqrt{Ra\,3.2}$ $(\sqrt{\ \ })$

43~48HRC

图 1-12　上垫板

任务 2.8　下垫板加工

下垫板如图 1-13 所示,共 1 件,材料为 45 钢。下垫板零件的坯料已经过备料、锻、热处理、铣、平磨等加工工序,尺寸为 120mm×100mm×6.5mm,按照下垫板零件的加工工艺,完成零件中间 $\phi7$mm 孔的制作。

一、下垫板加工工艺

(1) 备料。

(2) 锻:锻成 126mm×106mm×14mm。

(3) 热处理:退火。

(4) 铣:铣六面,成 120mm×100mm×6.8mm,对角尺。

(5) 平磨:磨上、下两面,成 120mm×100mm×6.5mm。

(6) 钳:倒角;按图划 $\phi7$mm 孔的位置线;用 $\phi7$mm 钻头钻孔,孔口倒角。

(7) 检验。

二、注意事项

(1) 下垫板仅划线钻中间 $\phi7$mm 孔,其余 $10\times\phi9$mm 孔及 $\phi12$mm 孔配作。

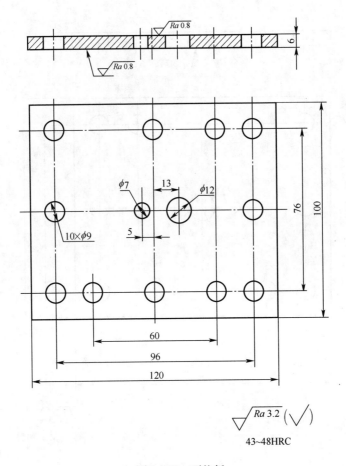

图 1-13　下垫板

（2）热处理淬硬 43~48HRC 可在配作完成后进行，热处理后需磨削两大平面到 6mm。

（3）注意钳工安全操作。

任务 2.9　推块加工

推块如图 1-14 所示，共 1 件，材料为 45 钢。推块零件的坯料已经过备料、锻、热处理、铣、平磨等加工工序，尺寸为 75mm×55mm×17mm，按照推块零件的加工工艺，完成零件的制作，达到图样要求。

一、推块加工工艺

（1）备料。

（2）锻：锻成 85mm×65mm×25mm。

（3）热处理：退火。

（4）铣：铣六面，成 75mm×55mm×17.3mm，对角尺。

（5）平磨：磨上、下两面，成 75mm×55mm×17mm。

（6）钳：外形倒角；按图 1-15 划出 2×φ4mm 穿丝孔、2×M6 螺纹孔的位置线，分别用 φ4mm、φ5mm 钻头钻孔，φ5mm 孔深 13mm，把 R9.45mm 圆心处的 φ4mm 的孔反面扩孔到

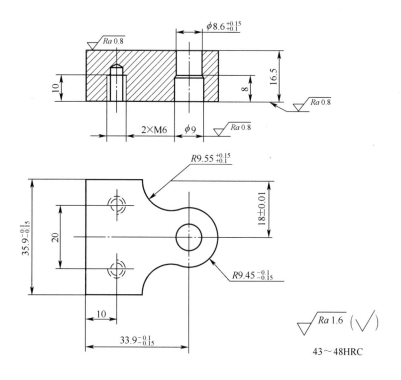

图 1-14 推块

φ9mm 深 8mm,孔口倒角;攻 M6 螺纹。

（7）热处理:淬硬 43~48HRC。

（8）平磨:平磨两大平面至 16.5mm。

（9）线切割:线切割成型。

（10）检验。

二、注意事项

（1）推块上攻 M6 螺纹时应注意垂直度,M6 丝攻易断,应小心。

（2）2×φ4mm 穿丝孔,一个孔割内孔,一个孔割推块外形。

（3）钻孔时应用平口钳装夹,注意安全。

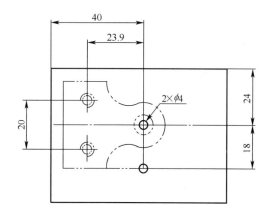

图 1-15 推块划线

任务 2.10　垫板加工

垫板如图 1-16 所示,共 1 件,材料为 45 钢。垫板零件的坯料已经过备料、锻、热处理、铣、平磨等加工工序,尺寸为 48mm×40mm×4.5mm,要求按照垫板零件的加工工艺,完成零件的制作,达到图样要求。

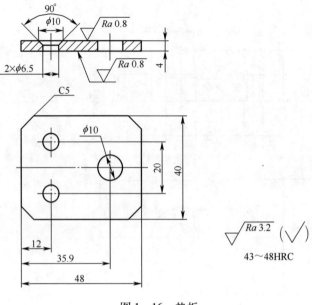

图 1－16　垫板

一、垫板加工工艺

（1）备料。

（2）锻:锻成 60mm×50mm×10mm。

（3）热处理:退火。

（4）铣:铣六面,成 48mm×40mm×5mm,对角尺。

（5）平磨:磨上、下两面,成 48mm×40mm×4.5mm。

（6）钳:外形倒角;划线加工 ϕ10mm 孔、2×ϕ6.5mm 孔至要求。

（7）热处理:淬硬 43~48HRC。

（8）平磨:平磨两大面至要求。

（9）检验。

二、注意事项

（1）垫板孔口应去毛刺,2×ϕ6.5mm 的一侧应加工沉孔。

（2）坯料较小,钳工装夹时要注意安全可靠。

任务 2.11　凸 模 加 工

冲孔凸模如图 1－17 所示,共 1 件,材料为 Cr12。坯料尺寸为 ϕ15mm×100mm,要求按照凸模零件的加工工艺,完成零件的制作,达到图样要求。

一、凸模加工工艺

（1）备料:ϕ15mm×100mm。

（2）车:车成型,$\phi10^{+0.015}_{+0.006}$mm、$\phi8.6^{-0.02}_{-0.035}$mm 处留磨削余量 0.4mm;两端留磨削工艺夹头,如图 1－18 所示。

（3）热处理:淬硬 56~60HRC。

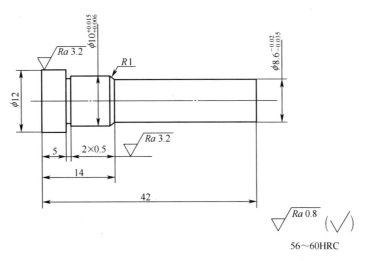

图 1-17 凸模

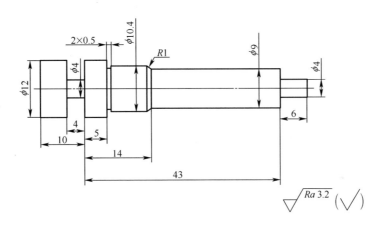

图 1-18 凸模车削工序图

（4）车:研磨工艺夹头上中心孔。

（5）磨:磨外圆 $\phi 10^{+0.015}_{+0.006}$ mm、$\phi 8.6^{-0.02}_{-0.035}$ mm 至要求。

（6）钳:去工艺夹头。

（7）检验。

二、注意事项

（1）两端工艺夹头上要打上 $\phi 2$ mm 中心孔,便于磨削时装夹。

（2）磨削时采用双顶针装夹。

（3）注意车床、磨床操作安全。

任务 2.12　模 柄 加 工

模柄如图 1-19 所示,共 1 件,材料为 45 钢。坯料尺寸为 $\phi 50$ mm×90mm,要求按照模柄零件的加工工艺,完成零件的制作,达到图样要求。

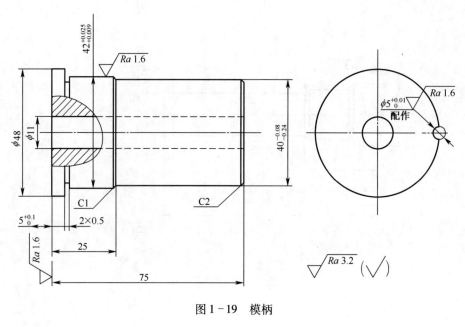

图 1－19　模柄

一、模柄加工工艺

（1）备料：$\phi50mm\times90mm$。

（2）车：车成型。

（3）检验。

二、注意事项

（1）$\phi42_{+0.009}^{+0.025}mm$ 及 $5_{0}^{+0.1}mm$ 尺寸可根据上模座上模柄孔测量出的实际尺寸配作。

（2）$\phi11mm$ 两端孔口要倒角 C1。

（3）$\phi5_{0}^{+0.01}mm$ 销钉孔在装配时配作。

（4）注意车床安全操作。

任务2.13　卸料螺钉加工

卸料螺钉如图 1－20 所示，共 4 件，材料为 45 钢。坯料尺寸为 $\phi15mm\times280mm$，要求按照卸料螺钉零件的加工工艺，完成零件的制作，达到图样要求。

一、卸料螺钉加工工艺

（1）备料：$\phi15mm\times280mm$。

（2）车：车成型，保证 4 件 38.5mm 尺寸一致。

（3）铣：铣 1mm×2mm 槽。

（4）检验。

二、注意事项

（1）套 M6 螺纹时方法要正确，要加油润滑，注意不要烂牙。

（2）尺寸 38.5mm 要根据凸凹模、凸凹模固定板、卸料板的实际测量尺寸确定，且 4 件的尺寸保持一致。

（3）注意车床操作安全。

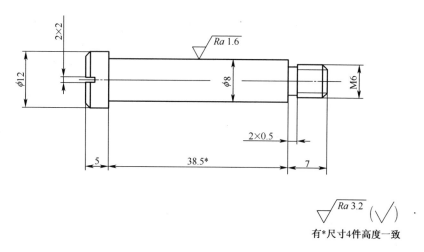

图 1－20　卸料螺钉

任务 2.14　打杆加工

打杆如图 1－21 所示,共 1 件,材料为 45 钢。坯料尺寸为 $\phi15\text{mm}\times150\text{mm}$,要求按照打杆零件的加工工艺,完成零件的制作,达到图样要求。

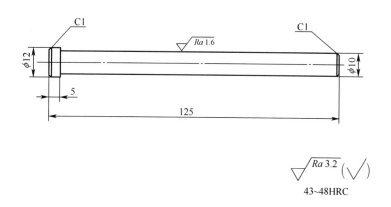

图 1－21　打杆

一、打杆加工工艺

(1) 备料:$\phi15\text{mm}\times150\text{mm}$。

(2) 车:车成型。

(3) 热处理:淬硬 43~48HRC。

(4) 检验。

二、注意事项

(1) 车削时注意不能弯曲,保证 $\phi10\text{mm}$ 表面粗糙度要求,外形要倒角。

(2) 注意车床安全操作。

任务 2.15　挡料销加工

挡料销如图 1-22 所示,共 3 件,材料为 45 钢。坯料尺寸为 $\phi 12mm \times 100mm$,要求按照挡料销零件的加工工艺,完成零件的制作,达到图样要求。

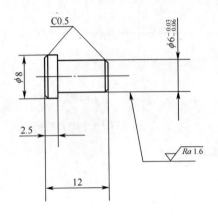

43~45HRC

图 1-22　挡料销

一、挡料销加工工艺

(1) 备料:$\phi 12mm \times 100mm$。

(2) 车:按图 1-23 车削工序图车成型,倒角 C0.5mm。

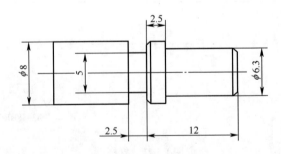

图 1-23　挡料销车削工序图

(3) 热处理:淬硬 43~48HRC。

(4) 磨:磨削 $\phi 6_{-0.06}^{-0.03}mm$ 至要求。

(5) 线切割:去工艺夹头。

(6) 平磨;端面磨平。

(7) 检验。

二、注意事项

(1) 车削时 $\phi 6_{-0.06}^{-0.03}mm$ 留磨削余量 0.3mm。

（2）磨削时应用三爪卡盘装夹。

（3）注意机床安全操作。

任务 2.16 上模座加工

上模座为标准件,上面有很多孔,如图 1-24 所示。只需加工模柄孔,其余孔在装配时加工。

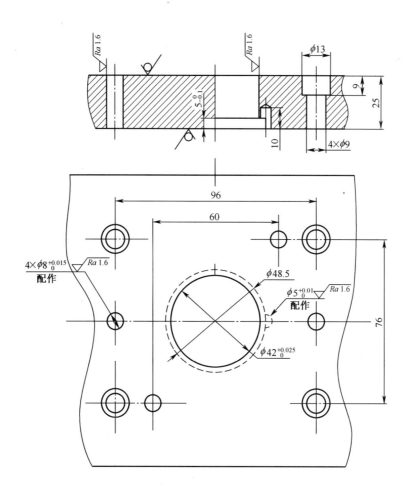

图 1-24 上模座

一、上模座加工工艺

（1）钳:划线,确定模柄孔位置。

（2）车:钻、扩、镗模柄孔至要求。

（3）检验。

二、注意事项

（1）车削可用花盘装夹,要找正孔的位置,保证孔与上模座平面垂直度,孔口要倒角。

（2）注意车床安全操作。

通过任务 2 学习,学生熟悉了倒装复合模具各零件的结构及其制造过程,完成了各零件制作,为模具装配做好准备。

打杆、顶杆等零件,亦可购买标准件,然后加工其长度至要求。

任务 3　模具组件装配

■任务分析

接头倒装复合模的组件有模柄与上模座组件、凸模与固定板组件、凸凹模与固定板组件、推块与垫板组件,要求按照装配工艺,完成各组件的装配。

（1）熟悉接头倒装复合模各组件的装配要求。

（2）掌握接头倒装复合模各组件装配。

■知识技能准备

实施任务 3 前,可学习相关教材、专业书、手册及本书附录,需具备一定的钳工专业知识和操作技能:

（1）熟悉装配图,分析模具结构、零件的连接方式和配合性质,了解接头倒装复合模各组件的装配要求。

（2）具有钳工基本操作技能及钳工装配知识和技能。

（3）具有操作磨床、钳工加工设备的知识与技能。

（4）具有操作使用设备的安全知识。

■任务实施

任务 3.1　模柄与上模座组件装配

模柄上模座组件由模柄、上模座、防转销组成,如图 1-25 所示。需把模柄装入上模座孔中,装入防转销,下表面磨平,装配要求及方法可参见本书附录。

一、装配步骤

（1）去除模柄、上模座孔边缘毛刺,擦净上油。

（2）将模柄用锤敲入上模座模柄孔中 2~5mm,检查模柄的垂直度,如垂直,用压力机将模柄压入上模座模柄孔中;如不垂直,敲出重新装配。

（3）在台钻上钻铰 ϕ5mm 圆柱销孔,用锤敲入防转销。

（4）在磨床上把模柄端面与上模座底面一齐磨平。

二、注意事项

（1）检查模柄垂直度要多个位置检测。

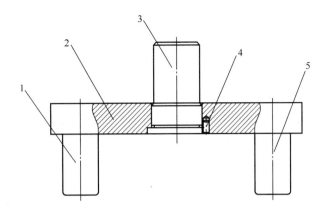

图 1－25　上模座组件

1—导套；2—上模座；3—模柄；4—圆柱销；5—导套。

（2）钻圆柱销孔前，样冲眼不应打在模柄与上模座孔的接缝中，应打在模柄的边缘。

（3）圆柱销孔可采用钻、铰或钻、扩方法完成。

任务3.2　凸模与凸模固定板组件装配

凸模与凸模固定板组件由凸模、凸模固定板组成，如图1－26所示。需把凸模装入凸模固定板孔中，上表面磨平，装配要求及方法可参见本书附录。

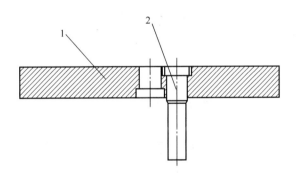

图 1－26　凸模组件

1—固定板；2—凸模。

一、装配步骤

（1）去除凸模工艺夹头，两端在砂轮上磨平。

（2）去除凸模固定板孔口边缘毛刺，擦净上油。

（3）将凸模用锤敲入凸模固定板孔中2～5mm，检查凸模的垂直度，如垂直，将凸模用锤敲入或用压力机压入凸模固定板孔中；如不垂直，敲出重新装配。再次检查凸模的垂直度，如不垂直，敲出重新装配。

（4）在磨床上把凸模尾部端面与凸模固定板上平面一齐磨平，并磨出凸模刀口。

二、注意事项

（1）检查凸模垂直度要多个位置检测。

（2）如果凸模装入凸模固定板孔内较松，可在凸模四周挤紧，并检查，保证凸模垂直度。

（3）磨凸模刀口时，凸模刀口平面到凸模固定板下平面间的尺寸，应等于凹模和空心垫板厚度。

任务3.3　凸凹模与凸凹模固定板组件装配

凸凹模与凸凹模固定板组件由凸凹模、凸凹模固定板组成，如图1-27所示。需把凸凹模装入凸凹模固定板孔中，下表面磨平，装配要求及方法可参见本书附录。

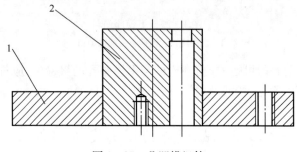

图1-27　凸凹模组件

1—凸凹模固定板；2—凸凹模。

一、装配步骤

（1）将钳工研磨后凸凹模清洗干净，擦净上油。

（2）去除凸凹模固定板孔口边缘毛刺，擦净上油。

（3）将凸凹模用锤敲入凸凹模固定板孔中2~5mm，检查凸凹模的垂直度，如垂直，将凸凹模用锤敲入或用压力机压入凸凹模固定板孔中；如不垂直，敲出重新装配。再次检查凸凹模的垂直度，如不垂直，敲出重新装配。

（4）在磨床上把凸凹模尾部端面与凸凹模固定板下平面一齐磨平，并磨出凸凹模刀口。

二、注意事项

（1）凸凹模装入凸凹模固定板时，应注意装配方向，使螺纹孔端装入凸凹模固定板。

（2）检查凸凹模垂直度要多个位置检测。

（3）如果凸凹模装入凸凹模固定板孔内较松，可在凸凹模四周挤紧，并检查、保证凸凹模垂直度。

（4）M6螺钉暂时不装。

任务3.4　推块与垫板组件装配

推块与垫板组件由推块、垫板、沉头螺钉组成，如图1-28所示。用沉头螺钉把推块与垫板紧固即可。

一、装配步骤

（1）将推块、垫板清洗干净，擦净上油。

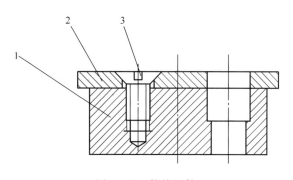

图 1-28 推块组件

1—推块;2—垫板;3—沉头螺钉。

(2) 把推块与垫板按装配关系叠放在一起,装上沉头螺钉,用起子拧紧。

二、注意事项

(1) 清洗推块前,先用 M6 丝攻去除螺纹孔内的杂物。

(2) 用起子拧紧沉头螺钉时,方法正确,用力应均匀。

■归纳总结

通过任务 3 学习,熟悉了倒装复合模具各组件的装配步骤及要求,完成了模柄与上模座组件、凸模与固定板组件、凸凹模与固定板组件、推块与垫板组件装配,为模具总装配做好准备。

任务 4 模具总装配

■任务分析

接头倒装复合模总装配图,如图 1-1 所示。在接头倒装复合模零件加工完成、组件装配结束之后,即可进行模具总装配。即把凸凹模组件、凹模、凸模组件、卸料板、空心垫板、上垫板、下垫板、推块、卸料螺钉、挡料销、打杆等所有零件,按照接头倒装复合模各零件的装配位置关系,进行模具总装配,达到图样要求。

(1) 熟悉装配图,掌握接头倒装复合模的装配步骤。

(2) 会操作加工设备,进行零件的补充加工,完成接头倒装复合模装配。

■知识技能准备

实施任务 4 前,可学习相关教材、专业书、手册及本书附录,需具备一定的专业知识和操作技能:

(1) 熟悉接头倒装复合模具装配步骤及要求。

(2) 具有钳工基本操作技能和装配技能。

(3) 具有操作磨床等机床的知识与技能。

(4) 具有操作各加工设备及钳工装配的安全知识。

■任务实施

任务4.1 下模装配

下模装配主要是完成凸凹模固定板、下垫板、下模座上的螺钉过孔、销钉孔等加工,并完成这些零部件的装配。

一、装配步骤

(1) 把卸料板24套在凸凹模27上,与凸凹模固定板28一起用平行夹头夹住,用φ5mm钻头从卸料板24的M6螺纹孔中,向凸凹模固定板引钻浅坑,确定卸料螺钉过孔位置,引钻完成后拆开。

(2) 将上模座8下平面朝上放在等高垫铁上,装上上垫板19、凸模组件(17、20),确定好位置,用平行夹头将它们夹紧,钻铰φ8mm圆柱销钉孔,装上圆柱销11。

(3) 把步骤2装配好圆柱销11的上模部件凸模朝上放在等高垫铁上,在凸模固定板20上垫上平行垫铁,按装配位置关系,依次装上凸凹模组件(27、28)、下垫板2、下模座1,确定好位置,用平行夹头初步夹紧,调整好凸模与凸凹模凹模孔的间隙,用平行夹头夹紧后上下模分开。

(4) 用φ7.8mm的钻头、φ8mm铰刀钻、铰φ8mm销钉孔;用φ6.8mm的钻头在凸凹模固定板28的M8螺纹孔中,向下垫板2及下模座1上引钻螺钉过孔;由凸凹模固定板28,向下垫板2及下模座1一起钻卸料螺钉过孔;用φ8.5mm的钻头从凸凹模的凹模孔中向下垫板2及下模座1引钻,确定漏料孔位置。完成后拆开,把下垫板及下模座按正确位置叠放在一起,用平行夹头夹紧后,向下模座引钻、确定内六角螺钉29的避让孔的位置。然后,按图1-8、图1-13、图1-29所示,分别完成凸凹模固定板、下垫板,下模座上螺钉过孔、沉孔、卸料螺钉孔、漏料孔等的加工,孔口倒角。

(5) 把凸凹模组件(27、28)、垫板2按装配位置叠放在一起,用内六角螺钉29拧紧,装在下模座1上,打入圆柱销3,紧固内六角螺钉30。

(6) 待上模装配完成后,刃磨下模凸凹模刀口。装上卸料板24、挡料销6、橡皮25、卸料螺钉5。合上上、下模,装配完成。

二、注意事项

(1) 装配前应准备好装配中需用的工具,并对下模座、销钉等标准零件及加工的凸凹模固定板等非标准零件进行检查,合格后才能进行装配。

(2) 所有零件在装配前应去除毛刺,表面涂上适量润滑油。装配时各零件应做好记号,以方便今后拆装。

(3) 调整凸模与凸凹模的凹模孔之间间隙时,应小心、仔细。敲击模具零件时应用软手锤或铜棒,并且应使凸模进入凹模孔内,避免敲过头而损坏刃口。间隙调整详见附录。

(4) 紧固内六角螺钉时,应对角均匀拧紧。

(5) 在装配步骤(4)完成零件加工后,可将下垫板2进行热处理淬硬,磨平两大平面后,再进行装配步骤(5);或者整副模具间隙调整好后,拆下上、下垫板进行热处理淬硬,磨平两大平面后再装配。

(6) 待上模装配完成后,再完成下模卸料板等零件的装配。装配时橡皮的长度、宽度及厚度要适当,保证有足够的卸料力。

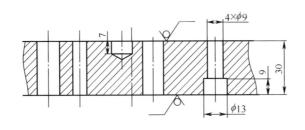

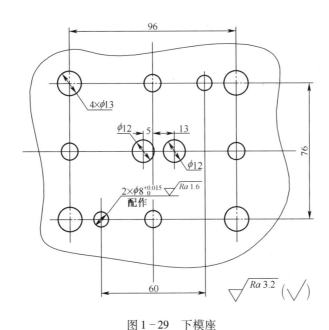

图 1-29 下模座

任务 4.2 上 模 装 配

上模装配主要是完成凸模固定板、上垫板、空心垫板、上模座上的螺钉过孔、销钉孔加工，并完成这些零部件的装配。

一、装配步骤

（1）将任务 4.1 步骤（5）完成的下模部分放在平板上，在凸凹模固定板 28 上垫上平行垫铁，将凹模 22 套在凸凹模上，装上空心垫板 21、任务 4.1 步骤（2）装配好圆柱销 11 的上模部件，用平行夹头将它们初步夹紧，并用"切纸法"找正凸凹模与凹模间的间隙，夹紧平行夹头，钻、铰 2×ϕ8mm 销钉孔，引钻确定各螺钉孔位置。

（2）完成后拆开上模，按图 1-24、图 1-10、图 1-11、图 1-12 所示，分别加工上模座 8、凸模固定板 20、空心垫板 21、上垫板 19 上的螺钉过孔及沉孔等，倒角去毛刺。

（3）将上模座放在平行垫铁上，依次装上上垫板 19、凸模组件（17、20）、圆柱销 11、空心垫板 21、打杆 16、推块组件（9、12、13），凹模 22、圆柱销 18、紧固内六角螺钉 10。

（4）刃磨上模刀口。

二、注意事项

（1）装配前应准备好装配中需用的工具，并对上模座、销钉等标准零件及加工的空心垫板等非标准零件进行检查，合格后才能进行装配。

（2）所有零件在装配前应去除毛刺，表面涂上适量润滑油。装配时各零件应做好记号，以方便今后拆装。

（3）可用"切纸法"调整凹模与凸凹模外形的间隙，调整时应小心、仔细。敲击模具零件时应用软手锤或铜棒，并且应使凸凹模进入凹模孔内，避免敲过头而损坏刃口。间隙调整详见附录。

（4）调整凸凹模与凹模之间的间隙时，应使凸凹模与凹模之间间隙均匀一致。间隙调整好后方可加工定位销钉孔。

（5）紧固内六角螺钉时，应对角均匀拧紧。

（6）在装配步骤（2）完成零件加工后，可将上垫板19进行热处理淬硬，磨平两大平面后，再进行装配步骤（3）；或者整副模具间隙调整好后，拆下上、下垫板进行热处理淬硬，磨平两大平面后再装配。

■ 归纳总结

通过任务4学习，熟悉了倒装复合模具的装配步骤及要求，并且完成了倒装复合模具总装配，可进行下一个任务——试模。

任务5　试模及调试

■ 任务分析

接头倒装复合模装配完成后，需进行试模，检查模具及工件质量是否合格，能不能达到图样要求。试模选用的冲床为16t开式双柱可倾压力机，型号为J23-16。

（1）会在冲床上安装模具，操作冲床。

（2）熟悉倒装复合模试模时常见问题及解决方法。

■ 知识技能准备

实施任务5前，需学习相关教材、专业书、手册：

（1）熟悉J23-16冲床操作。

（2）熟悉倒装复合模试模时常见问题及解决方法。

（3）了解模具在冲床上安装步骤。

（4）具有操作冲压设备的安全知识。

■ 任务实施

一、接头倒装复合模试模

（1）选用型号为J23-16的16t开式双柱可倾压力机，开启电源试运行，检查压力机是否处于正常工作状态。

（2）搬动飞轮，将冲床滑块降至下死点，调节连杆，使冲床的装模高度略大于模具的闭合高度，并将冲床的打料螺栓调整到安全位置。

（3）松开滑块上模柄压块上的紧固螺栓，卸下模柄压块，将模具和冲床的接触面擦干净，推移至滑块下面，使模具的模柄对正滑块上的模柄孔；装上模柄压块，调整好模具的送料方向，再调节连杆，使滑块底面与上模座紧密接触，拧紧模柄压块上的紧固螺栓及紧定螺钉，将上模紧固在滑块上；然后用压板、螺钉将下模紧固在冲床的工件台面上。

（4）模具紧固后，调节连杆，使滑块上移，模具脱离闭合状态。

（5）搬动飞轮，使导柱脱离导套，滑块上移至上死点。再次搬动飞轮，使滑块下上完成一个工作循环，检查有无异常情况，无异常时，即可启动压力机，不放板料，脚踏开关试冲。

（6）试冲几次无障碍后，把与条料等宽的硬纸条放在卸料板上，逐步调节连杆，使刀口相互进入 0.5~1 个料厚，锁紧滑块调节连杆。

（7）调整冲床上打料装置螺栓，使其能顺利打出工件。

（8）放入条料进行试冲。

二、接头倒装复合模的调试

接头倒装复合模安装好以后，即可进行试冲。冲出的工件，按工件图样要求，进行尺寸、毛刺高度、断面质量等检查。如工件出现质量问题，可按表 1-2 进行调试。

表 1-2　接头倒装复合模试模时常见问题及解决方法

常见问题	产生原因	解决方法
工件形状或尺寸不正确	凸模、凹模、凸凹模形状或尺寸不正确	微量的可修整凸模、凹模或凸凹模，重调间隙。严重时需更换凸模、凹模或凸凹模
工件光亮带太大、太小或不均匀	冲裁间隙太小、太大或大小不均匀	调整间隙，使工件光亮带大小均匀，间隙太大时需更换凸模、凹模或凸凹模
刃口相咬	（1）上模座、下模座、固定板、凹模、垫板等零件安装面不平行 （2）凸模、凸凹模等零件安装不垂直 （3）凸模、凹模、凸凹模装配时没有达到装配要求	（1）修整有关零件，重装上模或下模 （2）重装凸模、凸凹模等零件 （3）重新装配凸模、凹模、凸凹模
卸料不正常	（1）装配不正确，卸料机构不能动作。如卸料板与凸凹模配合过紧或因卸料板倾斜而卡住 （2）橡皮的弹力不足 （3）凸凹模和下模座的漏料孔没有对正，料不能排出 （4）凹模孔中推块太短，没有伸出凹模表面 （5）推块上油太多工件不能掉下	（1）修整卸料板等零件 （2）更换或增加橡皮 （3）修整漏料孔 （4）调整推块 （5）擦净油污
工件有毛刺	（1）刃口不锋利或淬火硬度低 （2）冲裁间隙过大或过小 （3）间隙不均匀使工件一边带有明显的斜角毛刺	合理调整凸模、凹模和凸凹模的间隙及修磨工作部分的刃口

三、注意事项

（1）在试模前，要对模具进行一次全面的检查，检查无误后，才能安装。

（2）模具上的活动部分，在试模前应加润滑油润滑。

（3）在冲床上试模时应严格遵守安全操作规程，确保操作安全。

（4）试模时模具安装应可靠。用压板、螺钉将下模紧固在冲床的工件台面上，垫铁高度要合适，螺钉应靠近模具，紧固时应均匀压紧压板。

（5）冲纸时，应缓慢调节连杆。

▌归纳总结

通过任务5学习，完成了倒装复合模具的试模及调试。至此，已完整学习了接头倒装复合模具的制造。

2 项目二 焊片顺装复合模制作

■ 学习目标

(1) 学习、巩固顺装复合模具理论知识。

(2) 掌握焊片顺装复合模零件的加工工艺、加工方法。

(3) 掌握焊片顺装复合模的装配及调试方法。

(4) 进一步熟悉机械加工设备、模具加工专用设备,巩固、提高操作技能。

(5) 熟悉焊片顺装复合模的制造过程。

■ 模具材料准备

焊片顺装复合模材料见表 2-1。

表 2-1　焊片顺装复合模材料

序号	名　称	材料	规　格	数量	备　注
1	模架		5#(中间导柱)	1	Q/320201AQ002·103
2	板料	Cr12	100×80×16.3	1	
3	板料	45 钢	100×80×14	2	
4	板料	45 钢	100×80×8.3	1	
5	板料	45 钢	100×80×6.5	2	
6	板料	45 钢	100×80×12	1	已加工好六面(其中两大面已磨好)
7	板料	45 钢	80×50×16.5	1	
8	板料	Cr12	82×42.3×40.3	1	
9	板料	45 钢	55×20×4.5	1	
10	板料	45 钢	58×38×4.5	1	
11	棒料	45 钢	$\phi 50 \times 90$	1	
12	棒料	45 钢	$\phi 15 \times 600$	1	卸料螺钉、推杆、打杆
13	棒料	45 钢	$\phi 12 \times 500$	1	挡料销及顶杆
14	棒料	Cr12	$\phi 15 \times 100$	1	
15	内六角螺钉		M8×65	4	
16	内六角螺钉		M8×35	4	
17	圆柱头螺钉		M5×12	2	
18	圆柱销		$\phi 8 \times 65$	2	
19	圆柱销		$\phi 8 \times 40$	2	
20	圆柱销		$\phi 8 \times 35$	2	
21	圆柱销		$\phi 3 \times 8$	1	
22	圆柱销		$\phi 5 \times 10$	1	

■ 评分标准

焊片顺装复合模制作评分标准,详见附录一模具制作实训评分表。

任务 1　顺装复合模制作准备

■ 任务分析

焊片顺装复合模如图 2-1 所示,工件为 1mm 厚的铝板料。图 2-2 为工件及排样图。通过阅读焊片顺装复合模具图样,要求学生能熟悉焊片顺装复合模具的结构,了解焊片的冲压过程,了解焊片顺装复合模具的制造过程。

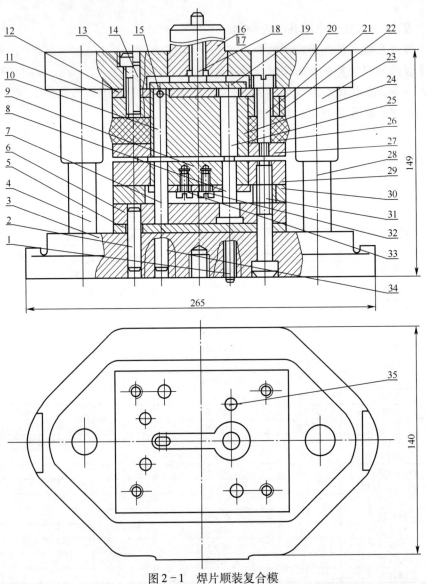

图 2-1　焊片顺装复合模

1—顶杆;2—圆柱销;3—下模座;4—导柱;5—下垫板;6—凸模固定板;7—凸模;8—圆凸模;9—推块;10—推杆;
11—导套;12—上垫板;13—内六角螺钉;14—圆柱销;15—圆柱销;16—模柄;17—圆柱销;18—打杆;19—打板;
20—上模座;21—卸料螺钉;22—凸凹模固定板;23—导套;24—凸凹模;25—圆推杆;26—橡皮;27—卸料板;
28—导柱;29—凹模;30—空心垫板;31—内六角螺钉;32—螺钉;33—垫板;34—圆柱销;35—挡料销。

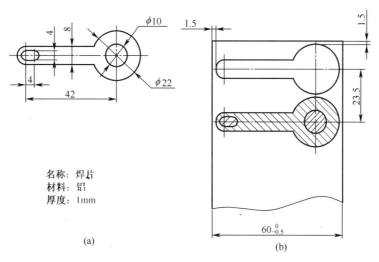

名称：焊片
材料：铝
厚度：1mm

(a)

图 2-2　工件及排样图

(a)工件图；(b)排样图。

■知识技能准备

须具有顺装复合模的专业理论知识和模具零件加工等相关知识与技能,可参阅教材、专业书及相关手册。

■任务实施

一、顺装复合模结构

图 2-1 为焊片顺装复合模。该模具采用凹模装在下模的顺装复合模结构,工件为 1mm 厚的铝板料,如图 2-2 所示。上模部分主要由凸凹模 24、凸凹模固定板 22、上垫板 12、卸料板 27、推杆 10、25 等组成。内六角螺钉 13 把固定板、垫板等固定在上模座 20 上,圆柱销 14 确定凸凹模在上模座上的相对位置。卸料螺钉 21 确定卸料板上下移动位置。下模部分主要有冲孔凸模 7、8、凹模 29、空心垫板 30、凸模固定板 6、推块 9、下垫板 5 等组成。内六角螺钉 31 把凹模、空心垫板、凸模固定板、垫板等固定在下模座上,圆柱销 2、34 确定凹模、凸模等在下模座上的相对位置。挡料销 35 确定条料在模具上的位置,保证合理的搭边值,冲裁出合格的接头零件。

冲裁时,条料放在凹模 29 上,当冲床滑块下降时,凸凹模 24 随着下降,这时,冲孔凸模 7、8 在条料上冲出两个孔,同时落料凹模 29 与凸凹模 24 相互作用进行落料,当冲床滑块上升时,在推块 9 的作用下,工件从落料凹模 29 的孔中和冲孔凸模 7、8 上顶出来,而废料则从凸凹模 24 孔中由推杆 10、25 打下,卸料板 27 在橡皮的作用下下降,将冲裁后的条料从凸凹模 24 上推下。每当条料送上一个步距时,即能冲出一个焊片零件。

焊片顺装复合模结构紧凑,在滑块的一次行程中完成冲孔、落料两个工序,生产效率高,冲裁精度高,能满足焊片零件的精度要求。

装配焊片顺装复合模时,应保证冲孔凸模、凹模、凸凹模等零件的装配精度要求,特别应注意保证冲孔凸模、凹模、凸凹模间的冲裁间隙均匀一致。

二、顺装复合模制作过程

焊片顺装复合模的制作过程如图 2-3 所示。

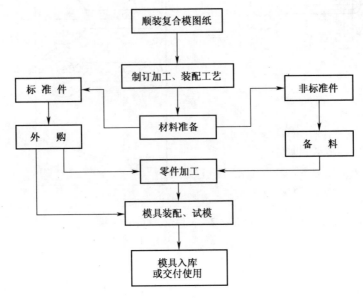

图 2-3 焊片顺装复合模的制作过程

■归纳总结

通过任务 1 学习,学生熟悉了焊片顺装复合模具结构,了解了制造过程,为任务 2 模具零件加工做好准备。

任务 2 模具零件加工

■任务分析

焊片顺装复合模需要加工的零件有顶杆、下模座、下垫板、固定板、凸模、圆凸模、推块、推杆、上垫板、模柄、打杆、打板、上模座、卸料螺钉、凸凹模固定板、凸凹模、圆推杆、卸料板、凹模、空心垫板、下垫板等,按照焊片顺装复合模各零件的加工工艺,完成各零件的制作,达到图样要求。

（1）熟悉、掌握焊片顺装复合模各零件的加工工艺。

（2）会操作磨床、铣床、车床、线切割机床等加工设备,完成焊片顺装复合模各零件的制作。

■知识技能准备

实施任务 2 前,可学习相关教材、专业书、手册,完成必要的基础技能训练,需具备一定的专业知识和操作技能:

（1）具有顺装复合模零件加工的工艺知识。

（2）具有钳工基本操作技能,会进行划线、钻孔、攻丝、铰孔等钳工操作。

（3）会线切割机床编程与操作。

（4）具有操作磨床、铣床、车床等机床的知识与技能,会操作机床加工模具零件。

（5）具有一定的热处理知识。

（6）具有操作各加工设备的安全知识。

■任务实施

任务2.1　凸凹模加工

凸凹模零件如图2-4所示,共1件,材料为Cr12。凸凹模零件的坯料已经过备料、锻、热处理、铣、平磨等加工工序,尺寸为80mm×42.3mm×40.3mm,要求从工序(6)开始,按照凸凹模零件的加工工艺,完成凸凹模零件的制作,达到图样要求。

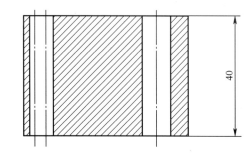

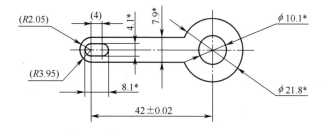

58~62HRC
有*尺寸按凸模、凹模尺寸
加双面间隙0.08配作

图2-4　凸凹模零件

一、凸凹模加工工艺

（1）备料。

（2）锻:锻成90mm×52mm×50mm。

（3）热处理:退火。

（4）铣:铣六面80mm×42.5mm×40.5mm,对角尺。

（5）平磨:磨4平面,成70mm×42.3mm×40.3mm。

（6）钳:按图2-5划线;打穿丝孔ϕ2mm、2×ϕ4mm。

（7）热处理:淬硬58～62HRC。

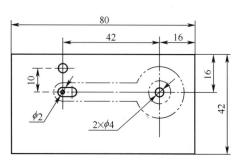

图2-5　凸凹模划线

（8）平磨：磨上、下、前、后4个面，成 70mm×42mm×40mm。

（9）线切割：线切割成型，留单面研磨余量 0.005mm。

（10）钳：研磨各面至要求。

（11）检验。

二、注意事项

（1）钳工划线应正确，钻头刃磨正确，$\phi2mm$ 穿丝孔不能歪斜。

（2）操作平面磨床、线切割机床时要遵守机床操作规程。

（3）编程时应注意，有"＊"的尺寸应分别按圆型凸模、腰型凸模及凹模对应的实际尺寸放双面间隙 0.08mm 配作，单面留研磨余量 0.005mm。

（4）注意钳工安全操作。

任务2.2　凹模加工

凹模零件如图2-6所示，共1件，材料为Cr12。凹模零件的坯料已经过备料、锻、热处理、铣、平磨等加工工序，尺寸为 100mm×80mm×16.3mm，要求从工序（6）开始，按照凹模零件的加工工艺，完成零件的制作，达到图样要求。

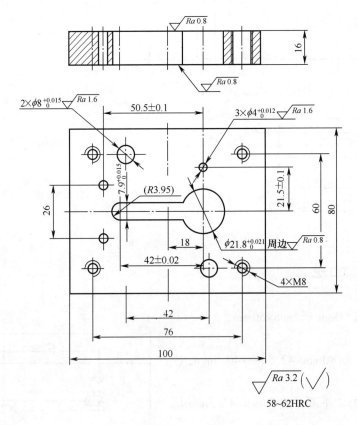

图2-6　凹模

一、凹模加工工艺

（1）备料。

（2）锻：锻成 106mm×86mm×22mm。

（3）热处理：退火。

（4）铣：铣六面，成 100mm×80mm×16.5mm，对角尺。

（5）平磨：磨上、下两面，成 100mm×80mm×16.2mm。

（6）铣：用 $\phi2$ 中心钻在 $4×M8$、$2×\phi8^{+0.015}_{0}$mm、$3×\phi4^{+0.012}_{0}$mm、$R3.95$mm 中心点钻孔位置。

（7）钳：外形倒角；钻 $4×M8$ 螺纹底也 $\phi6.8$mm、$2×\phi8^{+0.015}_{0}$mm 底孔 $\phi7.8$mm，孔口倒角；在 $3×\phi4^{+0.012}_{0}$mm、$R3.95$mm 中心钻孔 $\phi3$mm 穿丝孔；攻 $4×M8$ 螺纹，铰 $2×\phi8^{+0.015}_{0}$mm 圆柱销孔。

（8）热处理：淬硬 58～62HRC。

（9）平磨：磨上、下两面至尺寸。

（10）线切割：线切割成型，凹模孔留单面研磨余量 0.005mm。

（11）钳：研磨各面至要求。

（12）检验。

二、注意事项

（1）钳工操作时，钻头应刃磨正确，$\phi3$mm 穿丝孔不能歪斜。

（2）操作平面磨床、线切割机床时要遵守机床操作规程。

（3）攻螺纹时，丝攻要与凹模平面垂直，小心仔细，并加油润滑。

（4）铰孔时压力不要太大，铰刀不能反转。

（5）线切割需加工凹模孔及 $3×\phi4^{+0.012}_{0}$mm 孔。

任务2.3　腰形凸模加工

腰形凸模零件如图 2-7 所示，共 1 件，材料为 Cr12。凸模零件的坯料已经过备料、锻、热处理、铣、平磨等加工工序，尺寸为 80mm×42.3mm×40.3mm，要求从按照凸模零件的加工工艺，完成凸模零件的制作，达到图样要求。此腰形凸模，可利用任务 2.1 中凸凹模加工完成后的坯料来加工。

一、腰形凸模加工工艺

（1）备料：任务 2.1 中凸凹模加工完成后的坯料，80mm×40mm×42mm。

（2）线切割：线切割成型，留单面研磨余量 0.005mm。

（3）钳：研磨各面至要求。

（4）检验。

二、注意事项

（1）腰形凸模线切割时沿 42mm 方向，安装不能歪斜。

（2）单面留研磨余量 0.005mm。

（3）注意机床安全操作。

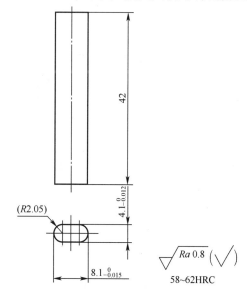

图 2-7　腰形凸模

任务2.4　圆凸模加工

冲孔圆凸模如图2-8所示,共1件,材料为Cr12。坯料尺寸为$\phi15mm\times100mm$,要求按照凸模零件的加工工艺,完成零件的制作,达到图样要求。

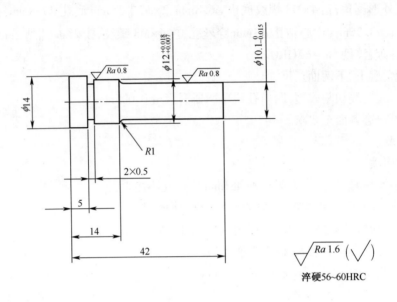

图2-8　圆凸模

一、圆凸模加工工艺

(1) 备料:$\phi15mm\times100mm$。

(2) 车:按图2-9车成型。$\phi12^{+0.018}_{+0.007}$、$\phi10.1^{0}_{-0.015}$留磨削余量0.4 mm;两端留磨削工艺夹头。

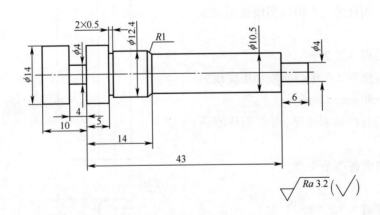

图2-9　凸模车削工序图

(3) 热处理:淬硬56~60HRC。

(4) 车:研磨两端工艺夹头上中心孔。

(5) 磨:磨外圆 $\phi 12^{+0.018}_{+0.007}$、$\phi 10.1^{\ 0}_{-0.015}$ 至要求。

(6) 钳:去工艺夹头。

(7) 检验。

二、注意事项

(1) 工艺夹头两端要打上 $\phi 2mm$ 中心孔,便于磨削时装夹。

(2) 磨削时应有双顶针装夹。

(3) 注意机床操作安全

任务2.5 凸凹模固定板加工

凸凹模固定板如图 2 - 10 所示,共 1 件,材料为 45 钢。凸凹模固定板零件的坯料已经过备料、锻、热处理、铣、平磨等加工工序,尺寸为 100mm×80mm×14mm,要求从工序(6)开始,按照凸凹模固定板零件的加工工艺,完成零件的制作,达到图样要求。

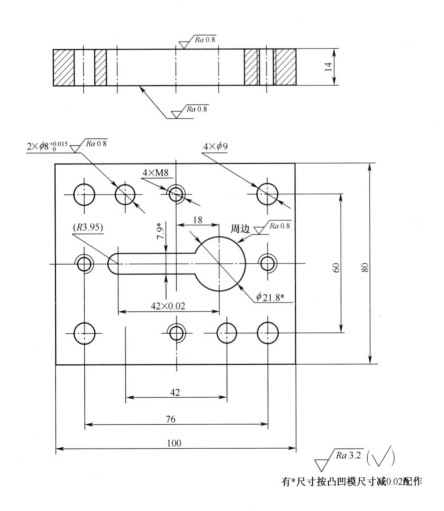

有*尺寸按凸凹模尺寸减0.02配作

图 2 - 10 凸凹模固定板

一、凸凹模固定板加工工艺

（1）备料。

（2）锻：锻成 106mm×86mm×20mm。

（3）热处理：退火。

（4）铣：铣六面，成 100mm×800mm×14.3mm，对角尺。

（5）平磨：磨上、下两面，成 100mm×80mm×14mm。

（6）钳：倒角；按图划出 4×M8 螺纹孔、$2 \times \phi 8^{+0.015}_{0}$mm 销钉孔、$R3.95$mm 中心穿丝孔位置线；钻 $\phi 4$mm 穿丝孔，钻 4×M8 螺纹底孔 $\phi 6.8$mm，孔口倒角；攻 M8 螺纹。

（7）线切割：线切割成型。

（8）检验。

二、注意事项

（1）钳工划线应正确，4×$\phi 9$mm 卸料螺钉过孔配作，不用划出孔的位置；$2 \times \phi 8^{+0.015}_{0}$mm 销钉孔仅划出孔的位置，配作；$\phi 4$mm 穿丝孔不能歪斜。

（2）操作线切割机床时要遵守机床操作规程。

（3）攻螺纹时丝攻要与凸凹模固定板平面垂直，并加油润滑。

（4）线切割编程时，有"＊"的尺寸应按凸凹模实际尺寸减 0.02mm 配作。

任务 2.6　固定板加工

凸模固定板如图 2-11 所示，共 1 件，材料为 45 钢。凸模固定板零件的坯料已经过备料、锻、热处理、铣、平磨等加工工序，尺寸为 100mm×80mm×14mm，要求从工序（6）开始，按照凸模固定板的加工工艺，加工中间 6 个孔，达到图样要求。

一、凸模固定板加工工艺

（1）备料。

（2）锻：锻成 106mm×86mm×20mm。

（3）热处理：退火。

（4）铣：铣六面，成 100mm×800mm×14.3mm，对角尺。

（5）平磨：磨上、下两面，成 100mm×80mm×14mm。

（6）钳：倒角；按图划出 4×$\phi 7$mm，$\phi 12^{+0.018}_{0}$mm 及腰形孔 $R2.05$mm 圆心的位置线；钻 4×$\phi 7$mm 孔，在 $\phi 12^{+0.018}_{0}$mm 及腰形孔 $R2.05$mm 的圆心钻两个 $\phi 3$mm 穿丝孔，扩 $\phi 9$mm 沉孔及 $\phi 14.5$mm 深 $5^{0}_{-0.1}$mm 沉孔，孔口倒角。

（7）线切割：线切割成型。

（8）检验。

二、注意事项

（1）凸模固定板仅完成中间 6 个孔加工、4×$\phi 9$mm、$4 \times \phi 8^{+0.015}_{0}$mm 孔配作。

（2）钳工划线位置要正确，钻孔不能歪斜。

（3）沉孔 $\phi 14.5$mm 深 $5^{0}_{-0.1}$mm 要保证深度要求。

（4）注意钳工、线切割安全操作。

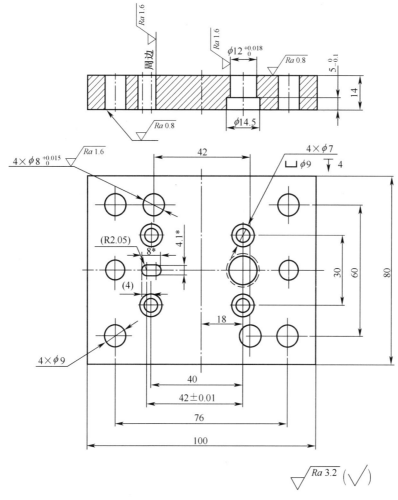

图 2-11 凸模固定板

有*尺寸按凸模尺寸加盈量 0.02 配作

任务 2.7 空心垫板加工

空心垫板如图 2-12 所示,共 1 件,材料为 45 钢。空心垫板零件的坯料已经过备料、锻、热处理、铣、平磨等加工工序,尺寸为 100mm×80mm×12mm,要求从工序(6)开始,按照空心垫板零件的加工工艺,完成零件的制作,达到图样要求。

一、空心垫板加工工艺

(1)备料。

(2)锻:锻成 106mm×86mm×18mm。

(3)热处理:退火。

(4)铣:铣六面,成 100mm×80mm×12.5mm,对角尺。

(5)平磨:磨上、下两面,成 100mm×80mm×12mm。

(6)钳:倒角;按图划中间型孔位置线;用 φ6mm 钻头钻排孔,去除中间废料。

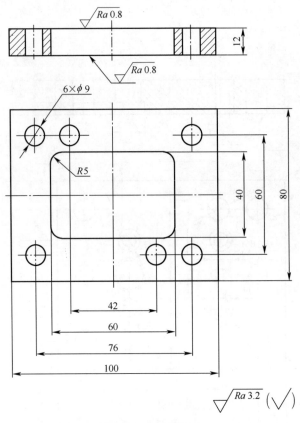

图 2-12　空心垫板

（7）铣：铣中间型孔至要求。

（8）检验。

二、注意事项

（1）空心垫板仅完成中间型孔，6×ϕ9mm 孔配作。

（2）钳工划中间型孔位置线要正确。

（3）钻排孔时，相邻两孔不能相交，但也不能相离太远，最好能相切。在拐角处如不能用 ϕ6mm 钻头钻孔，可选择其他直径钻头。钻排孔时单面要留 1mm 左右的铣削余量。

（4）注意操作安全。

任务 2.8　卸料板加工

卸料板如图 2-13 所示，共 1 件，材料为 45 钢。卸料板零件的坯料已经过备料、锻、热处理、铣、平磨等加工工序，尺寸为 100mm×80mm×8.3mm，要求从工序（6）开始，按照卸料板零件的加工工艺，完成零件的制作，达到图样要求。

一、卸料板加工工艺

（1）备料。

（2）锻：锻成 106mm×86mm×16mm。

（3）热处理：退火。

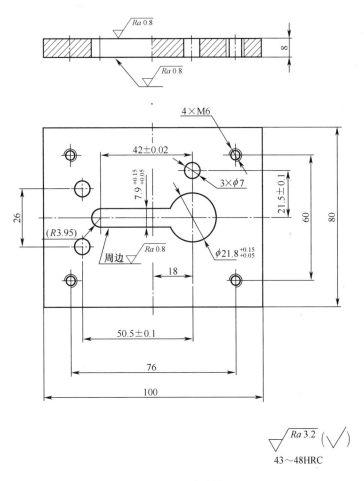

图 2 - 13　卸料板

（4）铣：铣六面，成 100mm×80mm×8.5mm，对角尺。

（5）平磨：磨上、下两面，成 120mm×100mm×8.3mm。

（6）钳：外形倒角。

（7）铣：用 ϕ2mm 中心钻点钻 3×ϕ7mm、R3.95mm 及 4×M6 孔中心位置。

（8）钳：钻 4×M6 螺纹底孔 ϕ5mm，钻 3×ϕ7mm 孔，孔口倒角，在 R3.95mm 中心位置打穿丝孔 ϕ4mm；攻 4×M6 螺纹。

（9）热处理：淬硬 43～48HRC。

（10）平磨：平磨两大平面至 8mm。

（11）线切割：线切割型孔。

（12）检验。

二、注意事项

（1）操作铣床、线切割机床时要遵守机床操作规程。

（2）钳工钻孔位置要对正，不能歪斜。攻螺纹时要保证丝攻与卸料板平面垂直，并加油润滑。

（3）注意钳工安全操作。

任务2.9 垫板加工

垫板如图2-14所示,共1件,材料为45钢。垫板零件的坯料已经过备料、锻、热处理、铣、平磨等加工工序,尺寸为58mm×38mm×4.5mm,要求从工序(6)开始,按照垫板零件的加工工艺,完成零件的制作,达到图样要求。

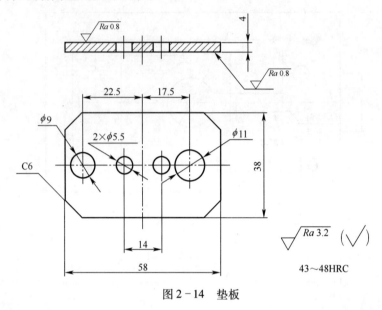

图2-14 垫板

一、垫板加工工艺

(1) 备料。

(2) 锻:锻成68mm×50mm×10mm。

(3) 热处理:退火。

(4) 铣:铣六面,成58mm×38mm×5mm,对角尺。

(5) 平磨:磨上、下两面,成58mm×38mm×4.5mm。

(6) 钳:外形倒角;划线加工ϕ9mm孔、ϕ11mm孔、2×ϕ5.5mm孔至要求。

(7) 热处理:淬硬43~48HRC。

(8) 平磨:平磨两大面至要求。

(9) 检验。

二、注意事项

(1) 钳工划线应正确。

(2) 垫板孔口应去毛刺。

(3) 坯料较小,加工装夹时要注意安全可靠。

任务2.10 打板加工

打板如图2-15所示,共1件,材料为45钢。打板零件的坯料已经过备料、锻、热处理、铣、平磨等加工工序,尺寸为55mm×20mm×4.5mm,按照打板零件的加工工艺,完成零件的制

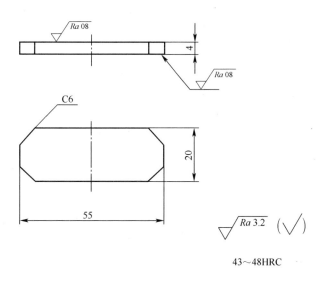

图 2-15 打板

作,达到图样要求。

一、打板加工工艺

（1）备料。

（2）锻:锻成 65mm×30mm×10mm。

（3）热处理:退火。

（4）铣:铣六面,成 55mm×20mm×5mm,对角尺。

（5）平磨:磨上、下两面,成 55mm×20mm×4.5mm。

（6）钳:外形倒角至要求。

（7）热处理:淬硬 43~48HRC。

（8）平磨:平磨两大面至要求。

（9）检验。

二、注意事项

（1）打板较薄,钳工加工时当心变形。

（2）注意钳工安全操作。

任务 2.11 推 块 加 工

推块如图 2-16 所示,共 1 件,材料为 45 钢。推块零件的坯料已经过备料、锻、热处理、铣、平磨等加工工序,尺寸为 80mm×50mm×16.5mm,要求从工序(6)开始,按照推块零件的加工工艺,完成零件的制作,达到图样要求。

一、推块加工工艺

（1）备料。

（2）锻:锻成 90mm×60mm×25mm。

（3）热处理:退火。

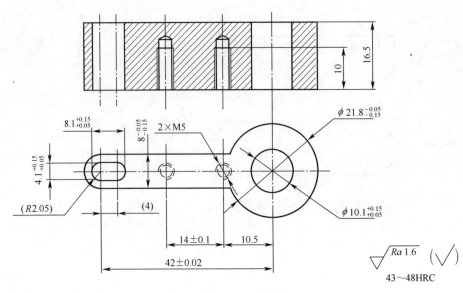

图 2-16 推块

（4）铣：铣六面，成 80mm×50mm×16.8mm，对角尺。

（5）平磨：磨上、下两面，成 80mm×50mm×16.5mm。

（6）钳：外形倒角；按图 2-16、图 2-17 划出 2×φ4mm、φ2mm 穿丝孔、2×M5 螺纹孔的位置线，分别用 φ4mm、φ2mm、φ4.2mm 钻头钻孔，φ4.2mm 孔深 13mm，孔口倒角；攻 M5 螺纹。

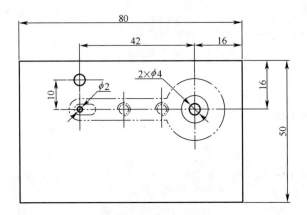

图 2-17 推块划线

（7）热处理：淬硬 43~48HRC。

（8）平磨：两大平面至 16.5mm，宽度 50mm 磨出两平面。

（9）线切割：线切割成型。

（10）检验。

二、注意事项

（1）推块上攻 M5 螺纹时应注意垂直度，丝攻易断，应小心。

（2）2×φ4mm 穿丝孔，一个孔割内孔，一个孔割外形。

（3）注意钳工、线切割安全操作。

任务 2.12 腰形推杆加工

腰形推杆零件如图 2-18 所示,共 1 件,材料为 45 钢。此腰形推杆,可利用任务 2.11 中推块完成加工后的坯料来加工。

一、腰形推杆加工工艺

(1) 备料:任务 2.11 中凸凹模加工完成后的坯料,80mm×16.5mm×50mm。

(2) 线切割:腰形线切割成型;线切割 $\phi 3^{+0.012}_{0}$mm 孔,保证推杆长度。

(3) 检验。

二、注意事项

(1) 腰形推杆线切割时沿 50mm 方向,安装不能歪斜。

(2) 线切割 $\phi 3^{+0.012}_{0}$mm 孔时,可从长度方向沿中心线位置割进去。

(3) 注意线切割安全操作。

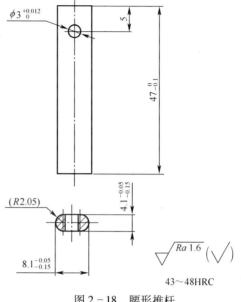

图 2-18 腰形推杆

任务 2.13 下垫板加工

下垫板如图 2-19 所示,共 1 件,材料为 45 钢。下垫板零件的坯料已经过备料、锻、热处理、铣、平磨等加工工序,尺寸为 100mm×80mm×6.5mm,要求从工序(6)开始,按照下垫板零件的加工工艺,完成零件的制作。

一、下垫板加工工艺

(1) 备料。

(2) 锻:锻成 106mm×86mm×14mm。

(3) 热处理:退火。

(4) 铣:铣六面,成 100mm×80mm×6.8mm,对角尺。

(5) 平磨:磨上、下两面,成 100mm×80mm×6.5mm。

(6) 铣:用 $\phi 2$mm 中心钻头点钻各孔位置。

(7) 钳:外形倒角;按图加工 8×$\phi 9$mm、4×$\phi 7$mm 孔,孔口倒角。

(8) 热处理:淬硬 43~48HRC。

(9) 平磨:磨上、下两面,厚度 6mm。

(10) 检验。

二、注意事项

(1) 下垫板较薄,热处理易变形。

(2) 热处理后在磨床上磨削两大平面时,应请注意安装可靠。

(3) 注意操作安全。

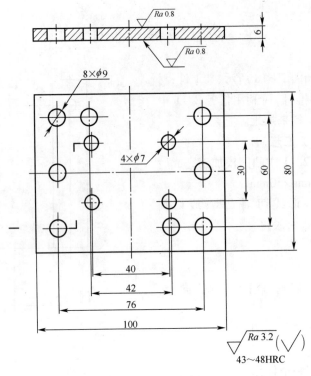

图 2 – 19　下垫板

任务 2.14　上垫板加工

上垫板如图 2 – 20 所示,共 1 件,材料为 45 钢。上垫板零件的坯料已经过备料、锻、热处理、铣、平磨等加工工序,尺寸为 100mm×80mm×6.5mm,要求按照上垫板零件的加工工艺,完成零件的制作,达到图样要求。

一、上垫板加工工艺

(1) 备料。

(2) 锻:锻成 106mm×86mm×14mm。

(3) 热处理:退火。

(4) 铣:铣六面,成 100mm×80mm×6.8mm,对角尺。

(5) 平磨:磨上、下两面,成 100mm×80mm×6.5mm。

(6) 铣:用 $\phi 2$mm 中心钻点钻各孔位置,钻中间 $\phi 14$mm 孔。

(7) 钳:外形倒角;按图加工 10×$\phi 9$mm 孔,$\phi 10$mm 孔,孔口倒角。

(8) 热处理:淬硬 43 ~ 48HRC。

(9) 平磨:磨上、下两面,厚度 6mm。

(10) 检验。

二、注意事项

(1) 上垫板较薄热处理易变形。

(2) 热处理后在磨床上磨削两大平面时,应请注意安装可靠。

(3) 注意操作安全。

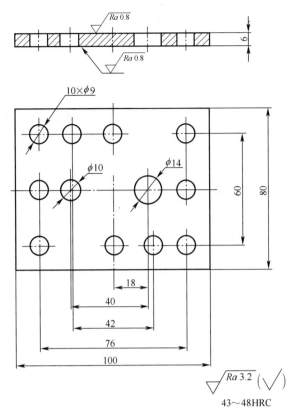

图 2 - 20 上垫板

任务 2.15 模 柄 加 工

模柄如图 2 - 21 所示,共 1 件,材料为 45 钢。坯料尺寸为 $\phi50mm×90mm$,要求按照模柄零件的车削加工工序图,完成零件的车加工,达到图 2 - 22 图样要求。

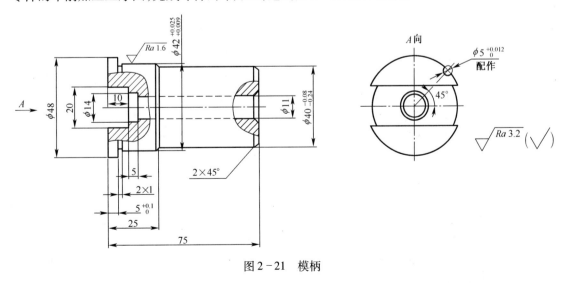

图 2 - 21 模柄

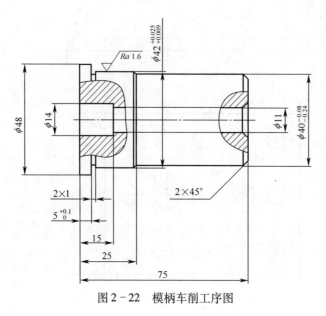

图 2 – 22　模柄车削工序图

一、模柄加工工艺

（1）备料：$\phi 50\text{mm} \times 90\text{mm}$。

（2）车：车成型。

（3）检验。

二、注意事项

（1）$\phi 42^{+0.025}_{+0.009}\text{mm}$ 及 $5^{+0.1}_{0}\text{mm}$ 可根据上模座上模柄孔的实际尺寸配作。

（2）$\phi 11$ 两端孔口要倒角 C1。

（3）车削加工仅完成模柄外形及 $\phi 11\text{mm}$、$\phi 14\text{mm}$ 孔的加工，$20\text{mm} \times 10\text{mm}$ 的槽与上模座装在一起后加工。

（4）$\phi 5^{+0.01}_{0}\text{mm}$ 圆柱销孔在装配时制作。

（5）车削时注意安全操作。

任务 2.16　卸料螺钉加工

卸料螺钉如图 2 – 23 所示，共 4 件，材料为 45 钢。坯料尺寸为 $\phi 15\text{mm} \times 280\text{mm}$，要求按照卸料螺钉零件的加工工艺，完成零件的制作，达到图样要求。

一、卸料螺钉加工工艺

（1）备料：$\phi 15\text{mm} \times 280\text{mm}$。

（2）车：车成型，保证 4 件 38.5mm 尺寸一致。

（3）铣：铣 $1\text{mm} \times 2\text{mm}$ 槽。

（4）检验。

二、注意事项

（1）套 M6 螺纹时注意不要烂牙。

（2）尺寸 38.5mm 要根据凸凹模、凸凹模固定板、卸料板、垫板等实际的测量尺寸确定，且 4 件的尺寸保持一致。

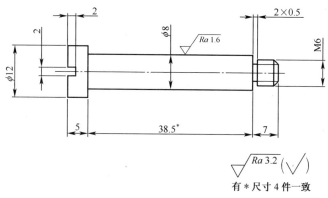

图 2-23　卸料螺钉

（3）注意车床安全操作。

任务 2.17　打杆加工

打杆如图 2-24 所示，共 1 件，材料为 45 钢。坯料尺寸为 $\phi15mm\times130mm$，要求按照打杆零件的加工工艺，完成零件的制作，达到图样要求。

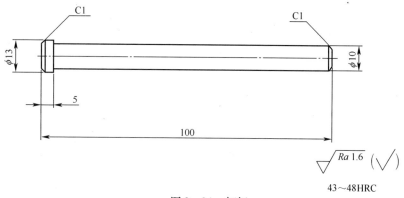

图 2-24　打杆

一、打杆加工工艺
（1）备料：$\phi15mm\times130mm$。
（2）车：车成型。
（3）热处理：淬硬 43~48HRC。
（4）检验。
二、注意事项
（1）车削时注意不能弯曲，保证 $\phi10mm$ 表面粗糙度要求，外形要倒角。
（2）注意车床安全操作。

任务 2.18　顶杆加工

顶杆如图 2-25 所示，共 4 件，材料为 45 钢。坯料尺寸为 $\phi12mm\times300mm$，要求按照顶杆零件的加工工艺，完成零件的制作，达到图样要求。

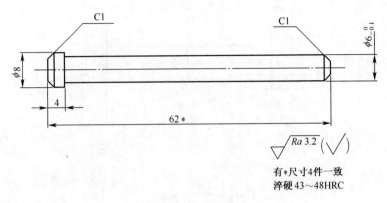

图 2 - 25　顶杆

一、顶杆加工工艺

（1）备料：$\phi 15\text{mm} \times 150\text{mm}$。

（2）车：车成型。

（3）热处理：淬硬 $43 \sim 48\text{HRC}$。

（4）检验。

二、注意事项

（1）车削时注意不能弯曲，保证 $\phi 6_{-0.1}^{0}\text{mm}$ 表面粗糙度要求，外形要倒角。

（2）顶杆 4 件高度要一致。

任务 2.19　圆推杆加工

圆推杆如图 2 - 26 所示，共 1 件，材料为 45 钢。坯料尺寸为 $\phi 15\text{mm} \times 100\text{mm}$，要求按照推杆加工工艺，完成零件的制作，达到图样要求。

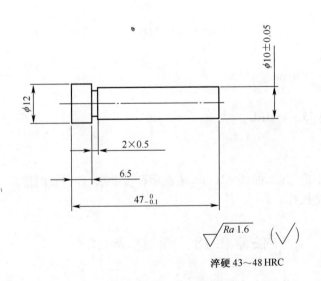

淬硬 $43 \sim 48\,\text{HRC}$

图 2 - 26　圆推杆

一、圆推杆加工工艺

（1）备料：$\phi15mm\times100mm$。

（2）车：按图2-27车成型。$\phi10mm$留磨削余量0.4mm；两端留磨削工艺夹头。

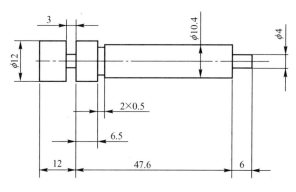

图2-27 圆推杆车削工序图

（3）热处理：淬硬56~60HRC。

（4）车：研磨工艺夹头上中心孔。

（5）磨：磨外圆$\phi10mm$至要求。

（6）钳：去工艺夹头。

（7）磨：磨两端面至要求。

（8）检验。

二、注意事项

（1）两端工艺夹头上要打上$\phi2mm$中心孔，便于磨削时装夹。

（2）磨削时应用双顶针装夹。

任务2.20 挡料销加工

挡料销如图2-28所示，共3件，材料为45钢。坯料尺寸为$\phi12mm\times100mm$，要求按照挡料销的加工工艺，完成零件的制作，达到图样要求。

一、挡料销加工工艺

（1）备料：$\phi12mm\times100mm$。

（2）车：按图2-29车削工序图车成型，倒角C0.5mm。

（3）热处理：淬硬43~48HRC。

（4）磨：磨削$\phi6_{-0.075}^{0}mm$、$\phi4_{+0.004}^{+0.012}mm$至要求

（5）线切割：去工艺夹头。

（6）平磨；端面磨平。

（7）检验。

二、注意事项

（1）车削时$\phi6_{-0.075}^{0}mm$、$\phi4_{+0.004}^{+0.012}mm$留磨削余量0.3mm。

（2）磨削时可用三爪卡盘装夹。

（3）注意机床安全操作。

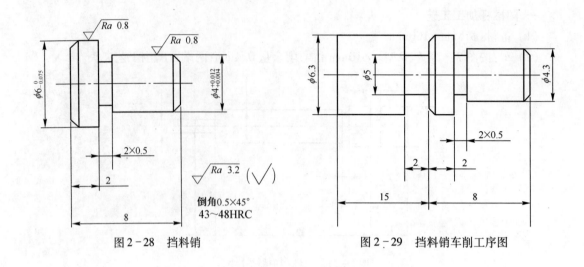

图 2 - 28 挡料销

图 2 - 29 挡料销车削工序图

任务 2.21 上模座加工

上模座为标准件，上面有很多孔，如图 2 - 30 所示。只需加工模柄孔，其余孔在组件装配后及总装配时加工。

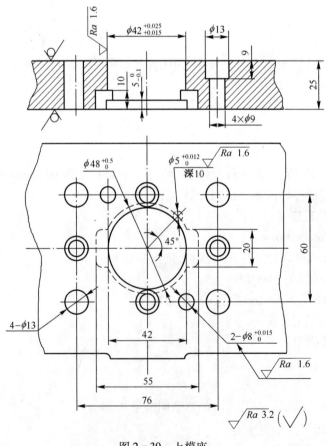

图 2 - 30 上模座

一、上模座加工工艺

（1）钳：划线，确定模柄孔位置。

（2）车：钻、扩、镗模柄孔至要求。

（3）检验。

二、注意事项

（1）车削可用花盘装夹，要找正孔的位置，保证孔与上模座平面垂直度，孔口要倒角。

（2）55mm×20mm×10mm 槽在组件装配后与模柄一起加工。

■ 归纳总结

通过任务2学习，学生熟悉了焊片顺装复合模具各零件的结构及其制造过程，完成了零件制作，为模具装配做好准备。

打杆、顶杆等杆类零件，可购买标准件，然后加工其长度。

任务 3　模具组件装配

■ 任务分析

焊片顺装复合模的组件有模柄与上模座组件、凸模与固定板组件、凸凹模与固定板组件、推块与垫板组件，推杆与销钉组件，要求按照装配工艺，完成各组件的装配。

（1）熟悉焊片顺装复合模各组件的装配要求。

（2）掌握焊片顺装复合模各组件装配。

■ 知识技能准备

实施任务3前，可学习相关教材、专业书、手册及本书附录，需具备一定的钳工专业知识和操作技能：

（1）熟悉装配图，分析模具结构、零件的连接方式和配合性质，了解焊片顺装复合模各组件的装配要求。

（2）具有钳工基本操作技能及钳工装配知识和技能。

（3）具有操作磨床、钳工加工设备的知识与技能。

（4）具有操作使用设备的安全知识。

■ 任务实施

任务 3.1　模柄与上模座组件装配

模柄上模座组件由模柄、上模座、圆柱销等组成，如图 2 - 31 所示。需把模柄装入上模座孔中，装入防转销，下表面磨平，然后按图 2 - 30 铣出 55mm×20mm×10mm 槽。装配要求及方法可参见本书附录。

一、装配步骤

（1）去除模柄、上模座孔边缘毛刺，擦净上油。

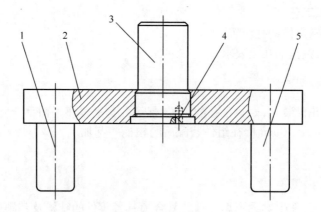

图 2 - 31 上模座组件
1—导套；2—上模座；3—模柄；4—圆柱销；5—导套。

（2）将模柄用锤敲入上模座模柄孔中 2 ~ 5mm，检查模柄的垂直度，如垂直，用压力机将模柄压入上模座模柄孔中；如不垂直，敲出重新装配。

（3）在台钻上钻铰 ϕ5mm 防转销孔，用锤敲入防转销。

（4）在磨床上把模柄端面与上模座底面一齐磨平。

（5）钳工划出 55mm×20mm×10mm 槽的位置。

（6）在工具铣床上铣出 55mm×20mm×10mm 槽。

二、注意事项

（1）检查模柄垂直度要多个位置检测。

（2）钻防转销孔前，样冲眼不应打在模柄与上模座孔的接缝中，应打在模柄边缘，防转销孔位置要正确。

（3）防转销孔可采用钻、铰或钻、扩方法完成。

任务 3.2　凸模与凸模固定板组件装配

凸模与凸模固定板组件由腰形凸模、圆凸模及固定板组成，如图 2 - 32 所示。需把两凸模装入凸模固定板孔中，下表面磨平，装配要求及方法见本书附录。

一、装配步骤

（1）去除圆凸模工艺夹头，两端在砂轮上磨平。

（2）去除凸模固定板孔口边缘毛刺，擦净上油。

（3）将圆凸模用锤敲入凸模固定板孔中 2 ~ 5mm，检查凸模的垂直度，如垂直，将凸模用锤敲入或用压力机压入凸模固定板孔中；如不垂直，敲出重新装配。再次检查凸模的垂直度，如不垂直，敲出重新装配。

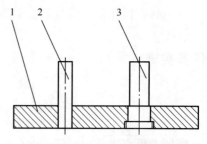

图 2 - 32 凸模固定板组件
1—凸模固定板；2—腰形凸模；3—圆凸模。

（4）同步骤（3），装入腰形凸模。

（5）在磨床上把凸模尾部端面与凸模固定板下平面一齐磨平，并磨出凸模刀口。

二、注意事项

（1）检查凸模垂直度，要多个位置检测。

（2）如果凸模装入凸模固定板孔内较松，可在凸模四周挤紧，并检查，保证凸模垂直度。

（3）磨凸模刀口时，凸模刀口平面到凸模固定板上平面间的尺寸，应等于凹模和空心垫板厚度。

（4）装配两冲孔凸模时，应保证凸模间距与凹模孔距一致。

任务3.3 凸凹模与凸凹模固定板组件装配

凸凹模与凸凹模固定板组件由凸凹模、凸凹模固定板组成，如图2-33所示。需把凸凹模装入凸凹模固定板孔中，上表面磨平，装配要求及方法见本书附录。

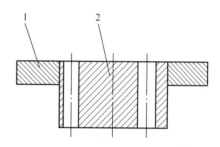

图2-33 凸凹模组件
1—凸凹模固定板；2—凸凹模。

一、装配步骤

（1）将钳工研磨后凸凹模清洗干净，擦净上油。

（2）去除凸凹模固定板孔口边缘毛刺，擦净上油。

（3）将凸凹模用锤敲入凸凹模固定板孔中2～5mm，检查凸凹模的垂直度，如垂直，将凸凹模用锤敲入或用压力机压入凸凹模固定板孔中；如不垂直，敲出重新装配。再次检查凸凹模的垂直度，如不垂直，敲出重新装配。

（4）在磨床上把凸凹模尾部端面与凸凹模固定板上平面一起磨平，并磨出凸凹模刀口。

二、注意事项

（1）凸凹模装入凸凹模固定板时，可在凸凹模装入凸凹模固定板端倒一个小倒角。

（2）检查凸凹模垂直度要多个位置检测。

（3）如果凸凹模装入凸凹模固定板孔内较松，可在凸凹模四周挤紧，并检查，保证凸凹模垂直度。

任务3.4 推块与垫板组件装配

推块与垫板组件由推块、垫板、圆柱头螺钉组成，如图2-34所示。用圆柱头螺钉把推块与垫板紧固即可。

一、装配步骤

（1）将推块、垫板清洗干净，擦净上油。

（2）把推块与垫板按装配关系叠放在一起，装上圆柱头螺钉，用起子拧紧。

二、注意事项

（1）清洗推块前，先用M5丝攻去除螺纹孔内的杂物。

（2）用起子拧紧圆柱头螺钉时，用力应均匀。

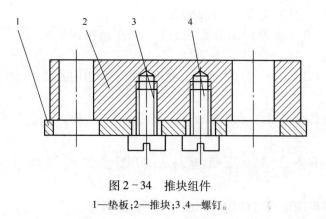

图 2-34　推块组件

1—垫板；2—推块；3、4—螺钉。

任务 3.5　推杆与销钉组件装配

推杆与销钉组件由推杆、圆柱销组成，如图 2-35 所示。在推杆上圆柱销孔中装入圆柱销即可。

一、装配步骤

（1）将推杆、圆柱销清洗干净，擦净上油。

（2）用铜棒把圆柱销敲入推杆上的销钉孔中。

二、注意事项

圆柱销与推杆上的销钉孔配合为 H7/m6，如果配合松，可选配圆柱销。

■归纳总结

通过任务 3 学习，学生熟悉了顺装复合模具各组件的装配步骤及要求，完成了模柄与上模座组件、凸模与固定板组件、凸凹模与固定板组件、推块与垫板组件、推杆与销钉组件装配，为模具总装配做好准备。

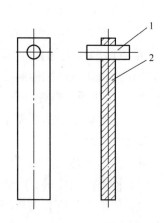

图 2-35　推杆组件

1—圆柱销；2—推杆。

任务 4　模具总装配

■任务分析

焊片顺装复合模总装配图，如图 2-1 所示。在焊片顺装复合模零件完成加工、组件装配结束后，即可进行模具总装配。即把凸凹模组件、凹模、凸模组件、卸料板、空心垫板、上垫板、下垫板、推块、卸料螺钉、挡料销、打杆等所有零部件，按照焊片顺装复合模各零件的装配位置关系，进行模具总装配，达到图样要求。

（1）熟悉装配图，掌握焊片顺装复合模的装配步骤。

（2）会操作加工设备，进行零件的补充加工，完成焊片顺装复合模装配。

■ 知识技能准备

实施任务4前,可学习教材、专业书、相关手册及本书附录,需具备一定的专业知识和操作技能:

(1)熟悉焊片顺装复合模具装配步骤及要求。

(2)具有钳工基本操作技能和装配技能。

(3)具有操作磨床等机床的知识与技能。

(4)具有操作各加工设备及钳工装配的安全知识。

■ 任务实施

任务4.1 上模装配

上模装配主要是在完成凸凹模固定板、上模座上的孔补充加工的基础上,完成这些零部件的装配。

一、装配步骤

(1)将卸料板27套在已装入固定板的凸凹模24上,用平行夹头将卸料板和固定板夹紧,由卸料板向凸凹模固定板22引钻,确定卸料螺钉过孔位置,完成后拆开卸料板。

(2)把上模座组件(16、17、20)放在等高垫铁上,下面朝上,依次装上上垫板12,凸凹模固定板组件(22、24),找正位置,用平行夹头夹住,在钻床上引钻螺钉过孔、卸料螺钉过孔,确定其位置,钻、铰2×ϕ8mm销钉孔。

(3)完成后拆开,按图2-30、图2-10所示,分别在上模座上加工螺钉过孔及卸料螺钉过孔,在凸凹模固定板上加工卸料螺钉过孔,孔口倒角去毛刺。

(4)将上模座组件放在等高垫铁上,把打杆18,打板19,上垫板12,推杆10、25,凸凹模固定板组件(22、24)等依次装在上模座20上,打入定位销14,拧紧内六角螺钉13。

(5)刃磨上模刀口。

(6)在下模装配完成后,装入卸料板等零件。

二、注意事项

(1)对于有导柱的顺装复合模,一般先装有凸凹模的上模部分。

(2)装配前应准备好装配中需用的工具,并对上模座、销钉等标准零件及加工的固定板等非标准零件进行检查,合格后才能进行装配。

(3)所有零件在装配前应去除毛刺,表面涂上适量润滑油。装配时各零件应做好记号,以方便今后拆装。

(4)紧固内六角螺钉时,应对角均匀拧紧。

(5)下模装配完成后,可再完成上模卸料板等零件装配。装配橡皮的长度、宽度及厚度要适当,保证有足够的卸料力。

任务4.2 下模装配

下模装配是在完成凸模固定板、空心垫板、下模座上的孔补充加工后,完成这些零部件的装配。

一、装配步骤

（1）把任务 4.1 步骤(4)完成的上模部分放在等高垫铁上（凸凹模刃口朝上），在凸凹模固定板 22 上垫上平行垫铁，装上凸模组件(6、7、8)、下垫板 5、下模座 3，确定好位置，调整好凸模与凸凹模凹模孔的间隙，用平行夹头夹住后上、下模分开。

（2）将用平行夹头夹住后的下模座等放在等高铁上，钻、铰 ϕ8mm 销钉孔，装上圆柱销 2；向下模座上引钻顶杆 1 过孔。

（3）把已装配的上模部分放在等高垫铁上（凸凹模刃口朝上），在凸凹模固定板 22 上垫上平行垫铁，将凹模 29 套在凸凹模上，装上空心垫板 30，装入步骤(2)完成的凸模组件(6、7、8)、垫板 5、下模座 3 部分，用平行夹头将它们夹紧。

（4）上下模分开后，用 ϕ6.8mm 的钻头引钻凹模上的螺钉孔在空心垫板 30、固定板 22、下模座 3 上的螺钉过孔位置。

（5）拆开下模部分，按图 2－11、图 2－12、图 2－36 所示，分别加工凸模固定板、空心垫板上的螺钉过孔、下模座上的螺钉过孔及沉孔、顶杆过孔，孔口倒角。

（6）按图 2－36 划线确定下模座上 M12 的螺钉孔的位置，钻 ϕ10.3mm 底孔、孔口倒角，攻下模座上 M12 螺钉。

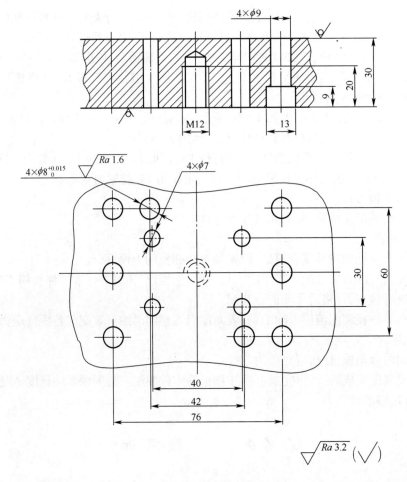

图 2－36　下模座

（7）把下模座上面朝上，装上垫板，凸模固定板，装入圆柱销。

（8）把上模部分放在等高垫铁上（凸凹模刃口朝上），在凸凹模固定板 22 上垫上平行垫铁，将凹模 29 套在凸凹模上，装上空心垫板 30，装入步骤（7）完成的下模部分，用 4 个内六角螺钉 31 将它们初步固定，并用"切纸法"找正凸凹模与凹模的间隙，均匀后，拧紧螺钉，钻、铰 $2×\phi8mm$ 圆柱销孔。

（9）拆开后，把空心垫板、凸模固定板、下模座上销钉孔倒角。

（10）按图 2-1 所示，把下模座上面朝上放在等高垫铁上，装上垫板，凸模固定板，装入圆柱销，装上顶杆、推块组件、空心垫板、凹模，装入圆柱销，用 4 个内六角螺钉将它们固定。

（11）刃磨下模凸模、凹模刀口，装上挡料销 35。待下模装配完成后，将上模卸料板、橡皮、卸料螺钉装配完成。合上上、下模，装配完成。

二、注意事项

（1）装配前应准备好装配中需用的工具，并对下模座、销钉等标准零件及加工的非标准零件进行检查，合格后才能进行装配。

（2）所有零件在装配前应去除毛刺，表面涂上适量润滑油。装配时各零件应做好记号，以方便今后拆装。

（3）用"切纸法"调整凹模与凸凹模外形的间隙，调整时应小心、仔细。敲击模具零件时应用软手锤或铜棒，并且应使凸凹模进入凹模孔内，避免敲过头而损坏刃口。间隙调整详见附录。

（4）调整凸模与凹模之间的间隙时，应使凸模与凹模之间间隙均匀一致。间隙调整好后方可加工定位销钉孔。

（5）紧固内六角螺钉时，应对角均匀拧紧。

■ 归纳总结

通过任务 4 学习，熟悉了焊片顺装合模具的装配步骤及要求，完成了模具总装配，可进行下一个任务——试模。

任务5 试模及调试

■ 任务分析

焊片顺装复合模装配完成后，需进行试模，检查模具及工件质量是否合格，能不能达到图样要求。试模所用冲床为 16t 开式双柱可倾压力机，型号为 J23-16。

（1）会在冲床上安装模具，操作冲床。

（2）熟悉焊片顺装复合模试模时常见问题及解决方法。

■ 任务准备

实施任务 5 前，可学习相关教材、专业书、手册及附录：

（1）熟悉 J23-16 冲床操作。

（2）熟悉焊片顺装复合模试模时常见问题及解决方法。

（3）了解模具在冲床上安装步骤。

（4）具有操作冲压设备的安全知识。

■任务实施

一、焊片顺装复合模试模

（1）选用型号为 J23-16 的 16t 开式双柱可倾压力机,开启电源试运行,检查压力机是否处于正常工作状态。

（2）搬动飞轮,将冲床滑块降至下死点,调节连杆,使冲床的装模高度略高于模具的闭合高度,并将冲床的打料螺栓调整到最上位置。

（3）松开滑块上模柄压块上的紧固螺栓,卸下模柄压块,将模具和冲床的接触面擦干净,推移至滑块下面,使模具的模柄对正滑块上的模柄孔;装上模柄压块,调整好模具的送料方向,再调节连杆,使滑块底面与上模座紧密接触,拧紧模柄压块上的紧固螺栓及紧定螺钉,将上模紧固在滑块上;然后用压板、螺钉将下模紧固在冲床的工件台面上。

（4）模具紧固后,调短连杆,使滑块上移,模具脱离闭合状态。

（5）搬动飞轮,使导柱脱离导套,滑块上移至上死点。再次搬动飞轮,使滑块下上完成一个工作循环,检查有无异常情况,无异常时,即可启动压力机,不放板料,脚踏开关试冲。

（6）试冲几次无障碍后,用与条料等宽的硬纸条放在凹模板上,逐步调节连杆,使刀口相互进入 0.5~1 个料厚,锁紧滑块调节连杆。

（7）调整冲床上打料装置螺栓,使其能顺利打出冲孔废料。

（8）在冲床工作台下面装入顶件装置,使其能顺利顶出工件。

（9）放入条料进行试冲。

二、焊片顺装复合模的调试

焊片顺装复合模安装好以后,即可进行试冲。冲出的工件,按工件图样要求,进行尺寸、毛刺高度、断面质量等检查。如工件出现质量问题,可按表 2-2 进行调试。

表 2-2　焊片顺装复合模试模时常见问题及解决方法

常 见 问 题	产 生 原 因	解 决 方 法
工件形状或尺寸不正确	凸模、凹模、凸凹模形状或尺寸不正确	微量的可修整凸模、凹模或凸凹模,重调间隙。严重时需更换凸模、凹模或凸凹模
工件光亮带太大、太小或不均匀	冲裁间隙太小、太大或大小不均匀	调整间隙,使光亮带大小均匀。间隙太大时需更换凸模、凹模或凸凹模
刃口相咬	（1）上模座、下模座、固定板、凹模、垫板等零件安装面不平行; （2）凸模、凸凹模等零件安装不垂直; （3）凸模、凹模、凸凹模装配时没有达到装配要求; （4）凸模固定板上凸模孔与凸凹模上凹模孔孔距、位置不一致	（1）修整有关零件,重装上模或下模; （2）重装凸模、凸凹模等零件; （3）重新装配凸模、凹模、凸凹模; （4）检查更换有关零件

常见问题	产　生　原　因	解　决　方　法
卸料不正常	(1) 由于装配不正确,卸料机构不能动作。如卸料板与凸凹模配合过紧或因卸料板倾斜而卡住; (2) 橡皮的弹力不足; (3) 凸凹模中推杆太短或没有推到位置; (4) 凹模孔中推块没伸出凹模表面; (5) 有油污	(1) 修整卸料板、垫板等零件; (2) 更换或增加橡皮; (3) 调整或更换推杆; (4) 调整推块; (5) 擦净油污
工件有毛刺	(1) 刃口不锋利或淬火硬度低; (2) 冲裁间隙过大或过小; (3) 间隙不均匀使工件一边带有明显的斜角毛刺	合理调整凸模和凹模的间隙及修磨工作部分的刃口

三、注意事项

(1) 在试模前,要对焊片顺装复合模具进行一次全面的检查,检查无误后,才能安装。

(2) 模具上的活动部分,在试模前应加润滑油润滑。

(3) 在冲床上试模时应严格遵守安全操作规程,确保操作安全。

(4) 试模时模具安装应可靠。用压板、螺钉将下模紧固在冲床的工件台面上,垫铁高度要合适,螺钉应靠近模具,紧固时应均匀压紧压板。

(5) 在冲床工作台下面装的顶件装置要有足够的弹力。

(6) 冲纸时,应缓慢调节连杆。

▌归纳总结

通过任务5学习,完成了焊片顺装复合模具的试模及调试。至此,已完整地学完了焊片顺装复合模具的制造。

3 项目三 管卡级进模制作

■学习目标

(1) 学习、巩固级进模专业理论知识。
(2) 掌握管卡级进模零件的加工工艺、加工方法。
(3) 掌握管卡级进模的装配及调试方法。
(4) 进一步熟悉机械加工设备、模具加工专用设备,巩固、提高操作技能。
(5) 熟悉管卡级进模的制造过程。

■模具材料准备

管卡级进模材料见表3-1。

表3-1 管卡级进模材料

序号	名 称	材料	规 格	数量	备 注
1	模架		8#(中间导柱)	1	Q/320201AQ002·103
2	板料	Cr12	120×100×16.3	1	
3	板料	45钢	120×100×14	2	
4	板料	45钢	120×100×6.5	1	已加工好六面(其中两大面已磨好)
5	板料	45钢	120×40×4	1	
6	板料	45钢	140×33×6	2	
7	板料	Cr12	62×40×50.3	1	
8	棒料	45钢	φ50×90	1	
9	棒料	45钢	φ15×300	1	
10	棒料	Cr12	φ12×200	1	导正销,凸模
11	内六角螺钉		M8×45	4	
12	内六角螺钉		M8×35	4	
13	内六角螺钉		M6×10	2	
14	圆柱销		φ8×45	4	
15	圆柱销		φ8×40	2	
16	圆柱销		φ5×10	1	
17	圆柱销		φ3×16	1	
18	圆柱销		φ3×12	1	

■评分标准

管卡级进模制作评分标准,详见附录一模具制作实训评分表。

任务 1　管卡级进模制作准备

■任务分析

管卡级进模如图 3 - 1 所示,工件为 1mm 厚的 08 钢。图 3 - 2 为工件及排样图。通过阅读管卡级进模具图样,要求学生熟悉管卡级进模具的结构,了解工件的冲压过程,了解模具的制造过程。

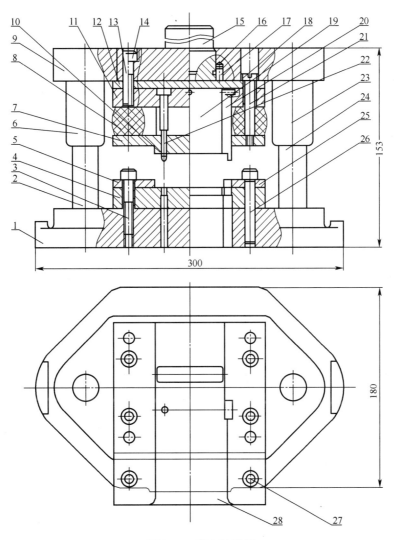

图 3 - 1　管卡级进模

1—下模座;2—导柱;3—内六角螺钉;4—凹模;5—导料板;6—导套;7—卸料板;8—橡皮;9—上模座;10—导正销;11—固定板;12—垫板;13—圆柱销;14—内六角螺钉;15—模柄;16—圆柱销;17—圆柱销;18—圆柱销;19—凸模;20—侧刃;21—卸料螺钉;22—圆凸模;23—导套;24—导柱;25—导料板;26—圆柱销;27—内六角螺钉;28—承料板。

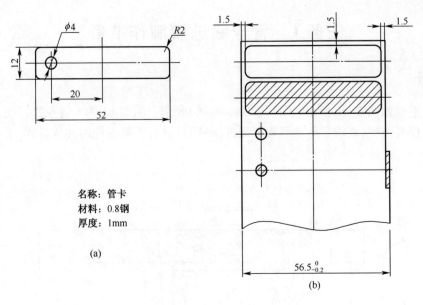

名称：管卡
材料：0.8钢
厚度：1mm

(a)

(b)

图 3 - 2　工件及排样图

(a)工件图；(b)排样图。

■ 知识技能准备

须具有级进模具的专业理论知识和模具零件加工等相关知识与技能，可参阅教材、专业书及相关手册。

■ 任务实施

一、管卡级进模具结构

管卡冲裁模具，采用单侧刃初定位，导正销精定位的级进模具。上模部分主要有冲孔凸模22、落料凸模 19、固定板 11、垫板 12、侧刃 20、导正销 10、卸料板 7 等组成。内六角螺钉 14 把凸模固定板、垫板等固定在上模座 9 上，圆柱销 13 确定凸模与上模座间的相对位置。卸料螺钉 21 确定卸料板上下移动位置。冲裁时，侧刃 20 初步定位，导正销 10 精确确定条料的模具上的位置，保证冲出合格的管卡零件。下模部分主要有下模座 1、凹模 4、导料板 5 和 25、承料板 28 等组成。内六角螺钉 3 把导料板、凹模固定在下模座 1 上，圆柱销 26 确定凹模与下模座间的相对位置。

冲裁时，条料放在凹模 4 上，由导料板 5 和 25 导向，当冲床滑块下降时，冲孔凸模 22 在条料上冲出一个孔，同时侧刃 20 冲出一个步距长度的切口；冲床滑块第二次下降时，冲孔凸模22 在条料上又冲出一个孔，侧刃 20 又冲出一个步距长度的切口；冲床滑块第三次下降时，冲孔凸模 22 继续在条料上冲出一个孔，侧刃 20 冲出一个步距长度的切口，同时落料凸模 19 冲出一个完整的管卡工件。废料及工件都从凹模孔中落下，冲裁后的条料由卸料板在橡皮的作用下从凸模上推出。从第三步开始，每当条料送上一个步距时，即能冲出一个管卡工件。

管卡级进模具结构紧凑，在滑块的一次行程中完成一个零件冲裁，生产效率高；由于有导正销 10 精确定位，冲裁精度较高，能满足管卡零件的使用要求。

装配管卡级进模时,应保证冲孔凸模、落料凸模、侧刃零件的装配精度要求,保证冲孔凸模、落料凸模、侧刃与凹模各型孔间的冲裁间隙均匀一致。

二、管卡级进模制作过程

管卡级进模的制作过程如图 3-3 所示。

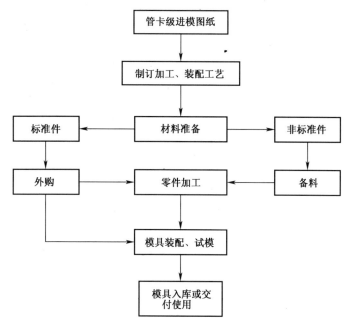

图 3-3　管卡级进模的制作过程

■归纳总结

通过任务 1 学习,学生熟悉了管卡级进模具结构,了解其制造过程,为零件加工及模具装配做好准备。

任务 2　模具零件加工

■任务分析

管卡级进模需要加工的零件有冲孔凸模、落料凸模、凹模、凸模固定板、卸料板、空心垫板、垫板、导料板、承料板、上模座、卸料螺钉、导正销、模柄、下模座等,按照管卡级进模各零件的加工工艺,完成各零件的制作,达到图样要求。

(1) 熟悉、掌握管卡级进模各零件的加工工艺。

(2) 会操作磨床、铣床、车床、线切割机床等加工设备,完成管卡级进模各零件的制作。

■知识技能准备

实施任务 2 前,可学习教材、专业书及相关手册,完成必要的基础技能训练,需具备一定的专业知识和操作技能：

（1）具有管卡级进模零件加工的工艺知识。

（2）具有钳工基本操作技能，会进行划线、钻孔、攻丝、铰孔等钳工操作。

（3）会线切割机床编程与操作。

（4）具有操作磨床、铣床、车床等机床的知识与技能，会操作机床加工模具零件。

（5）具有一定的热处理知识。

（6）具有操作各加工设备的安全知识。

■任务实施

任务2.1 落料凸模加工

落料凸模如图3-4所示，共1件，材料为Cr12。凸模零件的坯料已经过备料、锻、热处理、铣、平磨等加工工序，尺寸为62mm×40mm×50.3mm，要求从工序（6）开始，按照凸模零件的加工工艺，完成凸模零件的制作，达到图样要求。

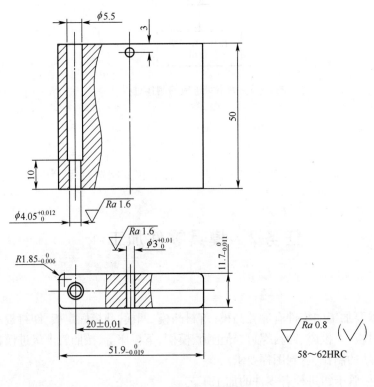

图3-4 凸模

一、凸模加工工艺

（1）备料。

（2）锻：锻成70mm×50mm×60mm。

（3）热处理：退火。

（4）铣：铣六面，成 62mm×40mm×50.5mm，对角尺。

（5）平磨：磨上、下两面，成 62mm×40mm×50.3mm。

（6）钳：外形去毛刺；按图 3-5 划线；打 2×φ3mm 穿丝孔，在凸模内的 φ3mm 穿丝孔上扩孔 φ5.5mm，深 40mm。

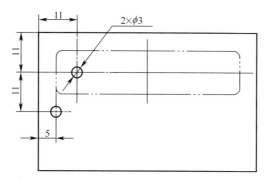

图 3-5　凸凹模划线

（7）热处理：淬硬 58~62HRC。

（8）平磨：磨上、下两面，成 62mm×40mm×50mm。

（9）线切割：线切割 φ4.05mm 内孔及凸模外形，外形留单面研磨余量 0.005mm；线切割 φ3mm 销钉孔。

（10）钳：研磨线切割凸模外表面至要求。

（11）检验。

二、注意事项

（1）钳工划线应正确，钻头刃磨正确，φ3mm 穿丝孔不能歪斜。

（2）操作平面磨床、线切割机床时要遵守机床操作规程。

（3）线切割 φ3mm 圆柱销孔时，要找正好安装位置，可直接从外面切割进去，中间允许有一割缝。

（4）注意钳工安全操作。

任务2.2　侧刃加工

侧刃如图 3-6 所示，共 1 件，材料为 Cr12。侧刃的坯料采用任务 2.1 中加工过凸模零件的坯料，沿 62mm 的方向线切割，完成侧刃零件的制作，达到图样要求。

一、侧刃加工工艺

（1）备料：任务 2.1 中加工过凸模零件的坯料，62mm×40mm×50mm。

（2）线切割：沿 62mm 的长度方向线切割 6mm×13.6mm 外形。线切割 φ3mm 圆柱销孔。线切割下端 R1mm 处外形，保证长度 50mm。外形留单面研磨余量 0.005mm。

（3）钳：研磨线切割表面至要求。

（4）检验。

二、注意事项

（1）线切割 φ3mm 圆柱销孔时，可从外面切割进去，中间允许有一割缝。

（2）线切割要三次装夹，应保证安装位置正确。

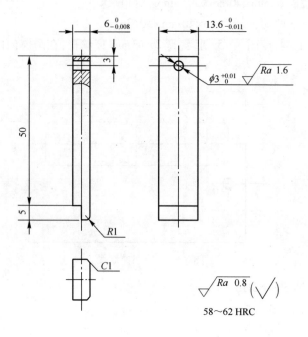

图 3-6　侧刃

任务2.3　凸模加工

冲孔凸模如图3-7所示,共1件,材料为 Cr12。坯料尺寸为 $\phi12mm\times100mm$,要求按照凸模零件的加工工艺,完成零件的制作,达到图样要求。

一、凸模加工工艺

(1) 备料:$\phi12mm\times100mm$。

(2) 车:车成型,$\phi6^{+0.012}_{+0.004}mm$、$\phi4.1^{0}_{-0.008}mm$ 留磨削余量 $0.4\sim0.5mm$;两端留磨削工艺夹头,如图3-8所示。

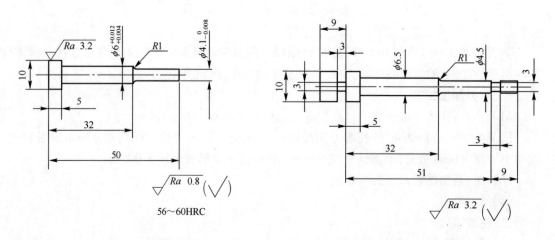

图 3-7　凸模

图 3-8　凸模车削工序图

（3）热处理:淬硬 56~60HRC。

（4）车:研磨工艺夹头上中心孔。

（5）磨:磨外圆 $\phi6^{+0.012}_{+0.004}$mm、$\phi4.1^{0}_{-0.008}$mm 至要求。

（6）钳:去工艺夹头。

（7）检验。

二、注意事项

（1）两端工艺夹头上要打上 $\phi2$mm 中心孔,便于磨削时装夹。

（2）磨削时应用双顶针装夹。

（3）注意安全操作。

任务2.4   凹 模 加 工

凹模如图3-9所示,共1件,材料为 Cr12。凹模零件的坯料已完成了备料、锻、热处理、铣、平磨等加工工序,尺寸为 120mm×100mm×16.3mm,要求从工序（6）开始,按照凹模零件的加工工艺,完成零件的制作,达到图样要求。

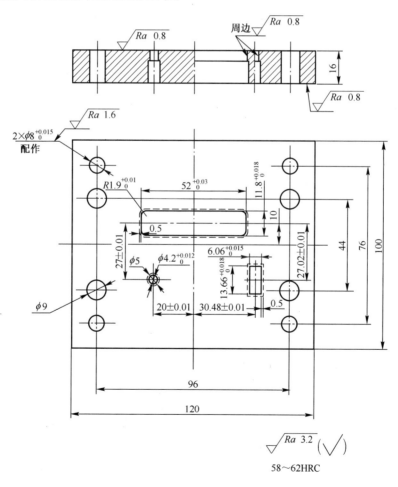

图3-9　凹模

一、凹模加工工艺

（1）备料。

（2）锻：锻成 126mm×106mm×22mm。

（3）热处理：退火。

（4）铣：铣六面，成 120mm×100mm×16.5mm，对角尺。

（5）平磨：磨上、下两面，成 120mm×100mm×16.3mm。

（6）钳：外形倒角；按图划出 $4×\phi8^{+0.015}_{0}$ mm 销钉孔、$4×\phi9$mm 螺钉过孔的位置线，划出三个凹模型孔中心的穿丝孔位置线，在侧刃孔、落料凹模孔的下面划出漏料孔位置线；钻 $4×\phi8^{+0.015}_{0}$ mm 销钉孔底孔 $\phi7.8$mm，$4×\phi9$mm 螺钉过孔，孔口倒角，钻 $3×\phi3$mm 穿丝孔；反扩 $\phi5$mm 漏料孔；铰 $4×\phi8^{+0.015}_{0}$ mm 销钉孔。

（7）铣：铣 52mm×11.8mm、13.66mm×6.06mm 反面的漏料孔。

（8）热处理：淬硬 58~62HRC。

（9）平磨：磨上、下两面至尺寸。

（10）线切割：线切割成型，留单面研磨余量 0.005mm。

（11）钳：研磨线切割表面至要求。

（12）检验。

二、注意事项

（1）钳工划线应正确，钻头刃磨正确，$\phi3$mm 穿丝孔不能歪斜。

（2）铣 13.66mm×6.06mm 反面的漏料孔，因铣刀有圆弧半径，在 13.66mm 方向可铣得长些，确保漏料通畅。

（3）操作平面磨床、线切割机床时要遵守机床操作规程。

（4）铰孔时铰刀不能反转。

任务2.5　凸模固定板加工

凸模固定板如图 3-10 所示，共 1 件，材料为 45 钢。凸模固定板零件的坯料已经过备料、锻、热处理、铣、平磨等加工工序，尺寸为 120mm×100mm×14mm，要求从工序（6）开始，按照凸模固定板零件的加工工艺，完成零件的制作，达到图样要求。

一、凸模固定板加工工艺

（1）备料。

（2）锻：锻成 126mm×106mm×20mm。

（3）热处理：退火。

（4）铣：铣六面，成 120mm×100mm×14.5mm，对角尺。

（5）平磨：磨上、下两面，成 120mm×100mm×14mm。

（6）钳：外形倒角；按图划出 $2×\phi8^{+0.015}_{0}$ mm 销钉孔、$4×$M8 螺纹孔的位置线，划出三个凸模固定型孔中心的穿丝孔位置线，划出两个圆柱销槽的位置线；钻 $3×\phi3$mm 穿丝孔，钻 $4×$M8 螺纹底孔 $\phi6.8$mm，扩 $\phi11$mm 深 5mm 沉孔，孔口倒角；攻 $4×$M8 螺纹。

（7）铣：铣 5mm×17mm、5mm×23mm 两个固定销槽。

（8）线切割：线切割各型孔。

（9）检验。

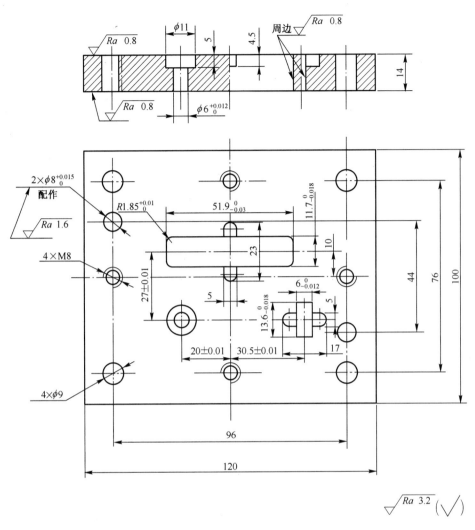

图 3-10 凸模固定板

二、注意事项

（1）钳工划线应正确，4×φ9mm 卸料螺钉过孔配作，不用划出孔的位置；2×φ8$^{+0.015}_{0}$mm 销钉孔配作；φ3mm 穿丝孔不能歪斜。

（2）操作线切割机床时要遵守机床操作规程。

（3）攻螺纹时要保证丝攻与固定板平面垂直，并加油润滑。

（4）注意操作安全。

任务2.6 卸料板加工

卸料板如图 3-11 所示，共 1 件，材料为 45 钢。卸料板零件的坯料已经过备料、锻、热处理、铣、平磨等加工工序，尺寸为 120mm×100mm×14mm，要求从工序（6）开始，按照卸料板零件的加工工艺，完成零件的制作，达到图样要求。

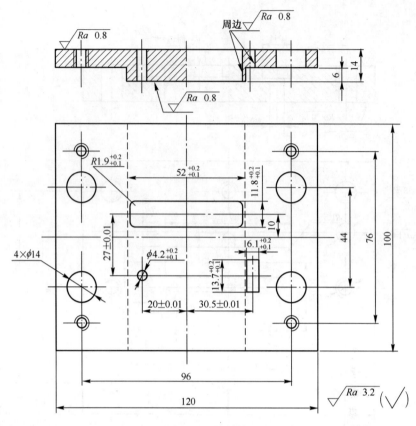

图 3-11 卸料板

一、卸料板加工工艺

（1）备料。

（2）锻：锻成 126mm×106mm×20mm。

（3）热处理：退火。

（4）铣：铣六面，成 120mm×100mm×14.3mm，对角尺。

（5）平磨：磨上、下两面，成 120mm×100mm×14mm。

（6）钳：外形倒角。

（7）铣：用 ϕ2mm 中心钻点钻 4×ϕ14mm、3 个型孔中心穿丝孔位置及 4×M6 位置；铣出中间台阶。

（8）钳：钻 4×M6 螺纹底孔 ϕ5mm，打穿丝孔 3×ϕ3mm，钻、扩 4×ϕ14mm 孔，孔口倒角；攻 4×M6 螺纹。

（9）线切割：线切割 3 个型孔。

（10）检验。

二、注意事项

（1）钳工钻 ϕ3mm 穿丝孔时，要找正位置，不能歪斜。

（2）操作线切割机床时要遵守机床操作规程。

（3）攻螺纹时要保证丝攻与卸料板平面垂直，并加油润滑。

（4）注意铣床安全操作。

任务 2.7　垫板加工

　　垫板如图 3-12 所示,共 1 件,材料为 45 钢。垫板零件的坯料已经过备料、锻、热处理、铣、平磨等加工工序,尺寸为 120mm×100mm×6.5mm,要求从工序(6)开始,按照垫板零件的加工工艺,完成零件的制作,达到图样要求。

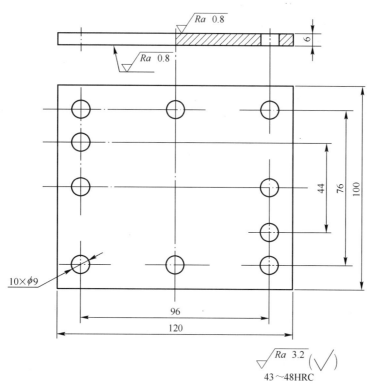

图 3-12　垫板

一、垫板加工工艺

(1) 备料。

(2) 锻:锻成 126mm×106mm×14mm。

(3) 热处理:退火。

(4) 铣:铣六面,成 120mm×100mm×6.8mm,对角尺。

(5) 平磨:磨上、下两面,成 120mm×100mm×6.5mm。

(6) 钳:倒角;按图划 10×φ9mm 孔的位置线;用 φ9mm 钻头钻孔,孔口倒角。

(7) 热处理:淬硬 43~48HRC。

(8) 平磨:成 120mm×100mm×6mm。

(9) 检验。

二、注意事项

(1) 钳工划线应正确,钻 10×φ9mm 孔要保证孔位置正确。

(2) 热处理后需磨削两大平面到 6mm。

(3) 注意钳工安全操作。

任务 2.8　承料板加工

承料板如图 3-13 所示,共 1 件,材料为 45 钢。承料板零件的坯料已经过备料、锻、热处理、铣、平磨等加工工序,尺寸为 120mm×40mm×4mm,要求按图完成承料板零件的制作,达到图样要求。

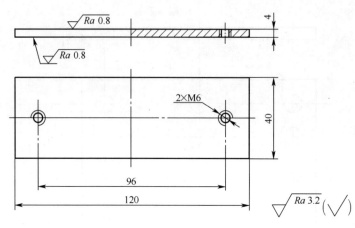

图 3-13　承料板

一、承料板加工工艺

（1）备料。

（2）锻:锻成 126mm×46mm×10mm。

（3）热处理:退火。

（4）铣:铣六面,成 120mm×40mm×4.3mm,对角尺。

（5）平磨:磨上、下两面,成 120mm×40mm×4mm。

（6）钳:倒角;按图划 2×M6 孔的位置线;用 ϕ5mm 钻头钻孔,孔口倒角;攻 2×M6 螺纹孔。

（7）检验。

二、注意事项

攻 2×M6 螺纹孔要保证与平面垂直,并加油润滑。

任务 2.9　导料板加工

导料板如图 3-14 所示,共 2 件,材料为 45 钢。导料板零件的坯料已经过备料、锻、热处理、铣、平磨等加工工序,尺寸为 140mm×33mm×6mm,要求按图完成导料板零件的制作,达到图样要求。

一、导料板加工工艺

（1）备料。

（2）锻:锻成 2 块 150mm×43mm×14mm。

（3）热处理:退火。

（4）铣:铣六面,成 140mm×33mm×6.3mm 对角尺。

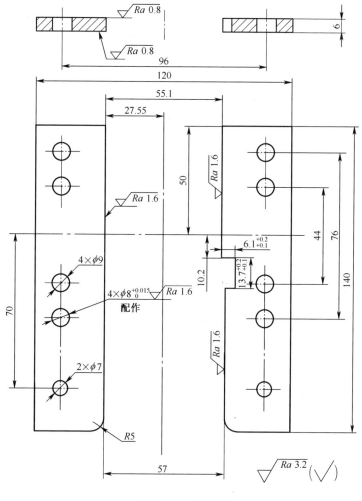

图 3 - 14　导料板

（5）平磨：分别磨上、下两平面及内侧面，成 140mm×32.5mm×6mm.。

（6）钳：外侧倒角，内侧去毛刺；按图 3 - 14 划 4×ϕ9mm、2×ϕ7mm 孔的位置线；分别用 ϕ9mm、ϕ7mm 钻头钻孔，孔口倒角。

（7）线切割：按图 3 - 14 线切割右侧导料板内侧 6.1mm×13.7mm 处及尺寸 57mm 处。

（8）钳：加工两块板 R5mm 圆角。

（9）检验。

二、注意事项

钳工划线、钻孔要保证位置正确。

任务 2.10　下模座加工

下模座为标准件，上面有很多孔，如图 3 - 15 所示。只需加工 4×M8 螺钉孔，ϕ6mm、54mm×14mm、8mm×16mm 漏料孔，4×ϕ8mm 销钉孔在装配时加工。

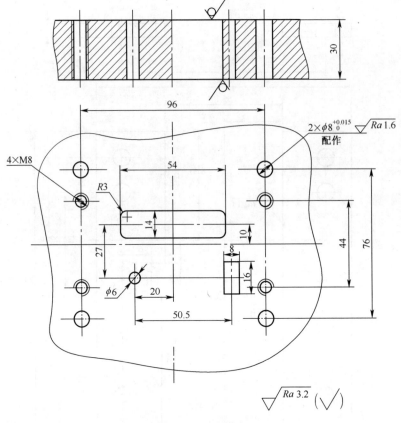

图 3 – 15　下模座

一、下模座加工工艺

（1）钳：把任务 2.4 中热处理前未进行线切割的凹模放在下模座上平面上，找正确位置，夹紧，引钻 4×M8 螺钉孔位置，φ6mm、54mm×14mm、8mm×16mm 中穿丝孔位置，分开后钻 4×M8 螺纹底孔 φ6.8mm，φ6mm 孔及 2×φ3mm 穿丝孔，孔口倒角，攻 4×M8 螺纹。

（2）线切割：线切割 54mm×14mm、8mm×16mm 漏料孔。

（3）检验。

二、注意事项

下模座在线切割机床上装夹时要找正确位置，保证 54mm×14mm、8mm×16mm 漏料孔与 4×M8 螺纹孔、φ6mm 孔的位置要求。

任务 2.11　上模座加工

上模座为标准件，上面有很多孔，如图 3 – 16 所示。只需加工模柄孔，其余孔在装配时加工。

一、上模座加工工艺

（1）钳：划线，确定模柄孔位置。

（2）车：钻、扩、镗模柄孔至要求。

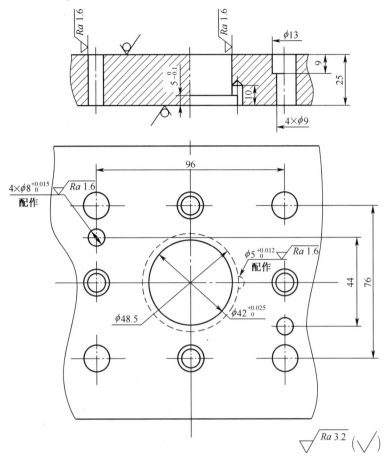

图 3‑16　上模座

（3）检验。

二、注意事项

（1）车削可用花盘装夹,要找正孔的位置,保证孔与上模座平面垂直度,孔口要倒角。

（2）注意车床安全操作。

任务 2.12　模 柄 加 工

模柄如图 3‑17 所示,共 1 件,材料为 45 钢。坯料尺寸为 $\phi50mm\times90mm$,要求按照模柄零件的加工工艺,完成零件的制作,达到图样要求。

一、模柄加工工艺

（1）备料: $\phi50mm\times90mm$。

（2）车:车成型。

（3）检验。

二、注意事项

（1） $\phi42^{+0.025}_{+0.009}mm$ 及 $5^{+0.1}_{0}mm$ 可根据上模座上模柄孔的实际测量尺寸配作。

（2） $\phi5^{+0.01}_{0}mm$ 圆柱销孔在装配时配作。

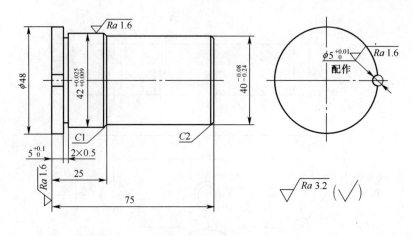

图 3 - 17 模柄

任务 2.13   卸料螺钉加工

卸料螺钉如图 3 - 18 所示,共 4 件,材料为 45 钢。坯料尺寸为 $\phi15mm×280mm$,要求按照卸料螺钉零件的加工工艺,完成零件的制作,达到图样要求。

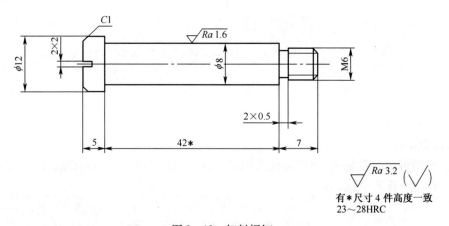

有*尺寸 4 件高度一致
23~28HRC

图 3 - 18   卸料螺钉

一、卸料螺钉加工工艺

(1) 备料:$\phi15mm×280mm$。

(2) 热处理:调质 23 ~ 28HRC。

(3) 车:车成型,保证 4 件 42mm 尺寸一致。

(4) 铣:铣 1mm×2mm 槽。

(5) 检验。

二、注意事项

(1) 套 M6 螺纹时注意不要烂牙。

(2) 尺寸 42mm 要根据凸模、凸模固定板、卸料板的实际测量尺寸确定,且 4 件的尺寸保持一致。

（3）注意车床安全操作。

任务2.14　导正销加工

导正销如图3-19所示,共1件,材料为Cr12钢。坯料尺寸为ϕ12mm×100mm,要求按照导正销零件的加工工艺,完成零件的制作,达到图样要求。

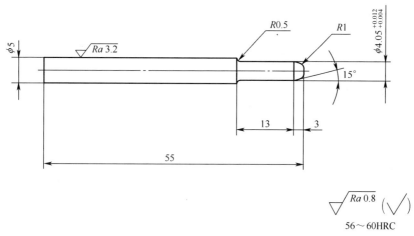

图3-19　导正销

一、导正销加工工艺

（1）备料:ϕ12mm×100mm。

（2）车:按图3-20车削工序图车成型,倒角C0.5mm。

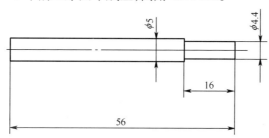

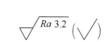

图3-20　导正销车削工序图

（3）热处理:淬硬56~60HRC。

（4）磨:磨削ϕ4.05$^{+0.012}_{+0.004}$mm处至图样要求。

（5）检验。

二、注意事项

（1）车削时ϕ4.05mm留磨削余量0.3mm,ϕ4.05mm处形状直接磨出。

（2）磨削时可用三爪卡盘装夹。

（3）注意磨削安全操作。

任务3　模具组件装配

■任务分析

管卡级进模的组件有模柄与上模座组件、固定板组件,要求按照装配工艺,完成各组件的装配。

（1）熟悉管卡级进模各组件的装配要求。

（2）掌握管卡级进模各组件装配。

■知识技能准备

实施任务3前,可学习相关教材、专业书、手册及本书附录,需具备一定的钳工专业知识和操作技能:

（1）熟悉装配图,分析模具结构、零件的连接方式和配合性质,了解管卡级进模各组件的装配要求。

（2）具有钳工基本操作技能及钳工装配知识和技能。

（3）具有操作磨床、钳工加工设备的知识与技能。

（4）具有操作使用设备的安全知识。

■任务实施

任务3.1　模柄与上模座组件装配

模柄上模座组件由模柄、上模座、圆柱销组成,如图3-21所示。需把模柄装入上模座孔中,装入圆柱销,下表面磨平,装配要求及方法可参见本书附录。

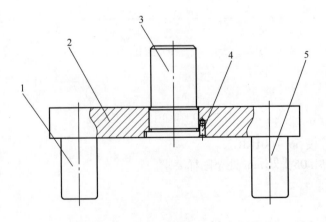

图3-21　上模座组件
1—导套;2—上模座;3—模柄;4—圆柱销;5—导套。

一、装配步骤

（1）去除模柄、上模座孔边缘毛刺,擦净上油。

（2）将模柄用锤敲入上模座模柄孔中 2～5mm,检查模柄的垂直度,如垂直,用压力机将模柄压入上模座模柄孔中;如不垂直,敲出重新装配。

（3）在台钻上钻铰 φ5mm 防转销孔,用锤敲入防转销。

（4）在磨床上把模柄端面与上模座底面一齐磨平。

二、注意事项

（1）检查模柄垂直度要多个位置检测。

（2）钻防转销孔前,样冲眼不应打在模柄与上模座孔的接缝中,应打在模柄边缘。

（3）防转销孔可采用钻、铰或钻、扩加工方法完成。

任务 3.2   固定板组件装配

固定板组件有冲孔凸模、落料凸模、侧刃、固定板等组成,如图 3-22 所示。需把凸模等装入固定板孔中,上表面磨平,装配要求及方法见本书附录。

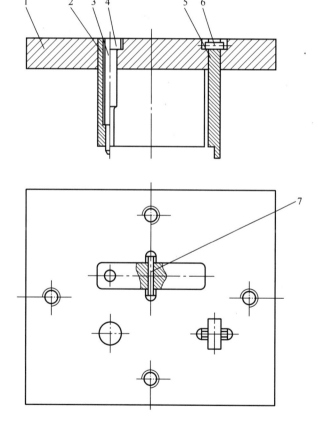

图 3-22   固定板组件

1—固定板;2—凸模;3—导正销;4—圆凸模;5—侧刃;6、7—圆柱销。

一、装配步骤

（1）去除冲孔凸模工艺夹头，两端在砂轮上磨平。

（2）去除冲孔凸模、落料凸模、侧刃、固定板孔口边缘毛刺，擦净上油。

（3）将冲孔凸模用锤敲入固定板孔中2~5mm，检查冲孔凸模的垂直度，如垂直，将冲孔凸模用锤敲入或用压力机压入固定板孔中；如不垂直，敲出重新装配。装配完后再次检查冲孔凸模的垂直度，如不垂直，敲出重新装配。

（4）将圆柱销装入落料凸模尾部销钉孔中，用锤将落料凸模敲入固定板孔中2~5mm，检查落料凸模的垂直度，如垂直，将落料凸模用锤敲入或用压力机压入固定板孔中；如不垂直，敲出重新装配。装配完后再次检查落料凸模的垂直度，如不垂直，敲出重新装配。

（5）同步骤（4）装入侧刃。

（6）将固定板上的凸模向上，套上凹模，检查间隙情况，如不均匀，作适当调整。

（7）在磨床上把凸模尾部端面与固定板上平面一齐磨平，并磨出凸模刀口。

（8）装入导正销。

二、注意事项

（1）检查凸模垂直度要多个位置检测。

（2）如果凸模装入固定板孔内较松，可在凸模四周挤紧，并检查，保证凸模垂直度。

任务4　模具总装配

■任务分析

管卡级进模的总装配图，如图3-1所示。在管卡级进模零件加工完成、组件装配结束之后，即可进行模具总装配。即把凹模、凸模组件、卸料板、垫板、卸料螺钉等所有零部件，按照管卡级进模各零件的装配位置关系，完成模具总装配，达到图样要求。

（1）熟悉管卡级进模装配图，掌握管卡级进模的装配步骤。一般对于凹模装在下模座上的导柱模，一般先装下模。

（2）会操作加工设备，进行零件的补充加工，完成管卡级进模装配。

■知识技能准备

实施任务4前，可学习教材、专业书、相关手册及本书附录，需具备一定的专业知识和操作技能：

（1）熟悉管卡级进模装配步骤及要求。

（2）具有钳工基本操作技能和装配技能。

（3）具有操作磨床等机床的知识与技能。

（4）具有操作各加工设备及钳工装配的安全知识。

任务4.1 下 模 装 配

下模装配主要是完成导料板、下模座上的孔加工,并将导料板、凹模、承料板装在下模座上,完成这些零件的装配。

一、装配步骤

(1)把导料板5、25初步固定在凹模4上,找正位置,固定后配作4个ϕ8mm销钉孔,完成后拆开,把导料板5上的孔口倒角。

(2)把凹模4初步固定在下模座1上,找正位置,固定后配作4个ϕ8mm销钉孔,完成后拆开,把下模座1上的孔口倒角。

(3)把下模座1放在平板上,装上凹模4、导料板5和25,打入圆柱销26,紧固内六角螺钉3。

(4)用内六角螺钉27紧固承料板28。下模装配完成。

二、注意事项

(1)装配前应准备好装配中需用的工具,并对下模座、销钉等标准零件及加工的凹模等非标准零件进行检查,合格后才能进行装配。

(2)所有零件在装配前应去除毛刺,表面涂上适量润滑油。装配时各零件应做好记号,以方便今后拆装。

(3)配作导料板5、25上的4个ϕ8mm销钉孔时,位置要找正好,保证条料送料顺畅,侧刃处定位正确。

(4)紧固内六角螺钉时,应对角均匀拧紧。

任务4.2 上 模 装 配

上模装配主要是完成固定板、上模座上的孔加工,并完成固定板等零部件在上模座上的装配。

一、装配步骤

(1)把卸料板7套在凸模19上,与固定板11用平行夹头夹住,用ϕ5mm钻头从卸料板7的M6螺纹孔中,向固定板引钻浅坑,确定卸料螺钉孔位置,完成后拆开。

(2)将下模部分放在平板上,在导料板5、25上垫上平行垫铁,将装入凸模的固定板组件装入在凹模孔中,装上垫板12、任务3.1中装配好圆柱销的上模部件,用平行夹头将它们初步夹紧,并用"切纸法"找正凸模与凹模间的间隙,夹紧平行夹头,钻、铰2×ϕ8mm销钉孔,引钻螺钉孔位置。

(3)拆开上模,按图3-16、图3-10所示,分别加工上模座9、固定板11上的螺钉过孔及沉孔、卸料螺钉过孔等,倒角去毛刺。

(4)将上模座放在平行垫铁上,依次装上垫板12、固定板组件,打入圆柱销13,紧固内六角螺钉14。

（5）装上橡皮 8，用卸料螺钉 21 固定卸料板 7，上模装配完成。合在下模上，模具总装完成。

二、注意事项

（1）装配前应准备好装配中需用的工具，并对上模座、销钉等标准零件及加工的非标准零件进行检查，合格后才能进行装配。

（2）所有零件在装配前应去除毛刺，表面涂上适量润滑油。装配时各零件应做好记号，以方便今后拆装。

（3）可用"切纸法"调整凹模与凸凹模凸模的间隙，调整时应小心、仔细。敲击模具零件时应用软手锤或铜棒，并且应使凸凹模进入凹模孔内，避免敲过头而损坏刃口。间隙调整详见附录。

（4）调整凸模与凹模之间的间隙时，应使凸模与凹模之间间隙均匀一致。间隙调整好后方可加工定位销钉孔。

（5）紧固内六角螺钉时，应对角均匀拧紧。

（6）橡皮的长度、宽度及厚度要适当，保证有足够的卸料力。

▌归纳总结

通过任务 4 学习，熟悉了管卡级进模的装配步骤及要求，完成了模具总装配，可进行下一个任务——试模。

任务 5　试模及调试

▌任务分析

管卡级进模装配完成后，需进行试模，检查模具及工件质量是否合格，能不能达到图样要求。试模所用冲床为 16t 开式双柱可倾压力机，型号为 J23-16。

（1）熟悉管卡级进模试模时常见问题及解决方法。

（2）会在冲床上安装模具，操作冲床。

▌任务准备

实施任务 5 前，需学习相关教材、专业书、手册及附录：

（1）熟悉 J23-16 冲床操作。

（2）熟悉管卡级进模试模时常见问题及解决方法。

（3）了解模具在冲床上安装步骤。

（4）具有操作冲压设备的安全知识。

▌任务实施

一、管卡级进模试模

（1）选用型号为 J23-16 的 16t 开式双柱可倾压力机，开启电源试运行，检查压力机是否处于正常工作状态。

（2）搬动飞轮，将冲床滑块降至下死点，调节连杆，使冲床的装模高度略大于模具的闭合高度，并将冲床的打料螺栓调整到安全位置。

（3）松开滑块上模柄压块上的紧固螺栓，卸下模柄压块，将模具和冲床的接触面擦干净，推移至滑块下面，使模具的模柄对正滑块上的模柄孔；装上模柄压块，调整好模具的送料方向，再调节连杆，使滑块底面与上模座紧密接触，拧紧模柄压块上的紧固螺栓及紧定螺钉，将上模紧固在滑块上；然后用压板、螺钉将下模紧固在冲床的工件台面上。

（4）模具紧固后，调节连杆，使滑块上移，模具脱离闭合状态。

（5）搬动飞轮，使导柱脱离导套，滑块上移至上死点。再次搬动飞轮，使滑块下上完成一个工作循环，检查有无异常情况，无异常时，即可启动压力机，不放板料，脚踏开关试冲。

（6）试冲几次无障碍后，用与条料等宽的硬纸条放在凹模板上，逐步调节连杆，使刀口相互进入 0.5～1 个料厚，锁紧滑块调节连杆冲纸时。

（7）放入条料进行试冲。

二、管卡级进模的调试

管卡级进模安装好以后，即可进行试冲。冲出的工件，按工件图样要求，进行尺寸、毛刺高度、断面质量等检查。如工件出现质量问题，可按表 3-2 进行调试。

表 3-2　管卡级进模试模时常见问题及解决方法

常见问题	产生原因	解决方法
工件形状或尺寸不正确	（1）凸模、凹模、凸凹模形状或尺寸不正确 （2）送料未送到位	（1）微量的可修整凸模、凹模，重调间隙。严重时需更换凸模或凹模； （2）送料要送到位
工件光亮带太大、太小或不均匀	冲裁间隙太小、太大或大小不均匀	调整间隙，使工件光亮带大小均匀，间隙太大时需更换凸模或凹模
刃口相咬	（1）上模座、下模座、固定板、凹模、垫板等零件安装面不平行； （2）凸模、凹模装配时没有达到装配要求； （3）凹模与固定板孔距不对	（1）修整有关零件，重装上模或下模； （2）重装凸模、凹模零件； （3）更换凹模或固定板
卸料不正常	（1）装配不正确，卸料机构不能动作； （2）橡皮的弹力不足； （3）凹模和下模座的漏料孔没有对正，料不能排出	（1）修整卸料板； （2）更换或增加橡皮； （3）修整漏料孔
工件有毛刺	（1）刃口不锋利或淬火硬度低； （2）冲裁间隙过大或过小或不均匀	合理调整凸模、凹模和凸凹模的间隙及修磨工作部分的刃口
送料不通畅或被卡住	（1）两导料板之间的尺寸过小或不平行； （2）条料尺寸过大或不平行； （3）导料板的工作面与侧刃不平行或侧刃与导料板的挡料面不密合，形成毛刺	（1）根据情况进行修磨或重装； （2）修整或重剪条料； （3）重装导料板

三、注意事项

（1）在试模前，要对模具进行一次全面检查，检查无误后，才能安装。

（2）模具上的活动部分，在试模前应加润滑油润滑。

（3）在冲床上试模时应严格遵守安全操作规程，确保操作安全。

（4）试模时模具安装应可靠。用压板、螺钉将下模紧固在冲床的工件台面上，垫铁高度要合适，螺钉应靠近模具，紧固时应均匀压紧压板。

（5）冲纸时，应缓慢调节连杆。

■ 归纳总结

通过任务 5 学习，完成了管卡级进模具的试模及调试。至此，已完整地学完了管卡级进模具的制造。

4 项目四 管卡弯曲模制作

■学习目标

（1）学习、巩固弯曲模具的专业理论知识。
（2）掌握管卡弯曲模零件的加工工艺、加工方法。
（3）掌握管卡弯曲模的装配及调试方法。
（4）进一步熟悉机械加工设备、模具加工专用设备，巩固、提高操作技能。
（5）熟悉管卡弯曲模的制造过程。

■模具材料准备

管卡弯曲模材料见表4-1。

表4-1 管卡弯曲模材料

序号	名 称	材料	规 格	数量	备 注
1	板料	Cr12	66.3×60.3×20.3	1	
2	板料	Cr12	70×30×20.3	1	已加工好六面（其中两大面已磨好）
3	板料	45 钢	180×120×25	1	
4	板料	45 钢	100×80×14	1	
5	板料	45 钢	80.4×66.4×11.4	1	
6	棒料	45 钢	$\phi80×120$	1	
7	棒料	45 钢	$\phi15×350$	1	
8	棒料	Cr12	$\phi10×30$	1	
9	内六角螺钉		M8×30	4	
10	圆柱销		$\phi8×45$	2	
11	圆柱销		$\phi8×30$	2	

■评分标准

管卡弯曲模制作评分标准，详见附录一模具制作实训评分表。

任务1 管卡弯曲模制作准备

■任务分析

管卡弯曲模如图4-1所示，工件为1mm厚的08钢，如图4-2所示。通过阅读管卡弯曲模具图样，要求学生熟悉管卡弯曲模具的结构，了解工件的弯曲过程，了解模具的制造过程。

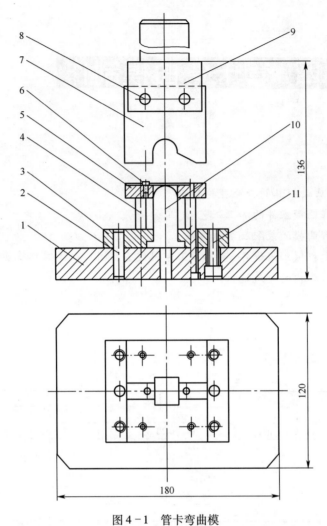

图 4 - 1　管卡弯曲模

1—下模板；2—圆柱销；3—固定板；4—卸料螺钉；5—卸料板；6—定位钉；

7—凹模；8—圆柱销；9—模柄；10—凸模；11—内六角螺钉。

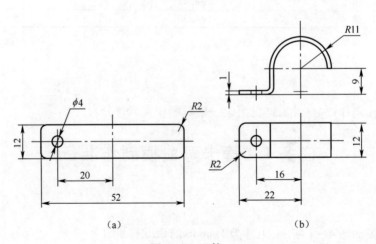

（a）　　　　　　　　　　　（b）

图 4 - 2　工件

（a）弯曲件展开图；（b）工件图。

■ 知识技能准备

须具有弯曲模具的专业理论知识和模具零件加工等相关知识与技能,可参阅相关教材、专业书及手册。

■ 任务实施

一、管卡弯曲模具结构

管卡弯曲模具,采用弯曲凹模在上的结构。上模部分有弯曲凹模 7、圆柱销 8、模柄 9 组成。圆柱销 8 把弯曲凹模 7 固定在模柄 9 上。下模部分有下模板 1、固定板 3、卸料螺钉 4、卸料板 5、定位钉 6、弯曲凸模 10 等组成。内六角螺钉 11 把固定板 3 固定在下模板 1 上,圆柱销 2 确定固定板与下模板的相对位置。

弯曲时,条料放在卸料板 5 的凹槽内,套在定位钉 6 上,当冲床滑块下降时,弯曲凹模 7 的左侧先把坯料压紧在卸料板 5 上,在弯曲凸模 10 与弯曲凹模 7 的作用下,完成工件弯曲。

管卡弯曲模具结构紧凑,操作方便,能满足管卡零件的使用要求。

装配管卡弯曲模时,应保证装配精度要求,保证弯曲凸模与卸料板滑动自如,无卡阻。

二、管卡弯曲模具制作过程

管卡弯曲模的制作过程如图 4-3 所示。

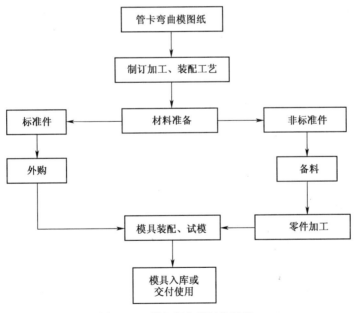

图 4-3　管卡弯曲模制作过程

■ 归纳总结

通过任务 1 学习,学生熟悉了管卡弯曲模具结构,了解其制造过程,为零件加工及模具装配做好准备。

任务2 模具零件加工

■任务分析

管卡弯曲模需要加工的零件有弯曲凸模、固定板、卸料板、下模板、模柄、弯曲凹模、卸料螺钉、定位钉等,按照弯曲模各零件的加工工艺,完成各零件的制作,达到图样要求。

（1）熟悉、掌握管卡弯曲模各零件的加工工艺。

（2）会操作磨床、铣床、车床、线切割机床等加工设备,完成管卡级进模各零件的制作。

■知识技能准备

实施任务2前,可学习相关教材、专业书、手册,完成必要的基础技能训练,需具备一定的专业知识和操作技能:

（1）具有弯曲模具零件加工的工艺知识。

（2）具有钳工基本操作技能,会进行划线、钻孔、攻丝、铰孔等钳工操作。

（3）会线切割机床编程与操作。

（4）具有操作磨床、铣床、车床等机床的知识与技能,会操作机床加工模具零件。

（5）具有一定的热处理知识。

（6）具有操作各加工设备的安全知识。

■任务实施

任务2.1 凸模零件加工

弯曲凸模零件如图4-4所示,共1件,材料为 Cr12。凸模零件的坯料已经过备料、锻、热处理、铣、平磨等加工工序,尺寸为 70mm×30mm×20.3mm,要求按照凸模零件的加工工艺,完成凸模零件的制作,达到图样要求。

一、凸模加工工艺

（1）备料。

（2）锻:锻成 80mm×40mm×30mm。

（3）热处理:退火。

（4）铣:铣六面,成 70mm×30mm ×20.5mm,对角尺。

（5）平磨:磨前、后面,成 70mm × 30mm ×20.3mm。

（6）钳:外形去毛刺。

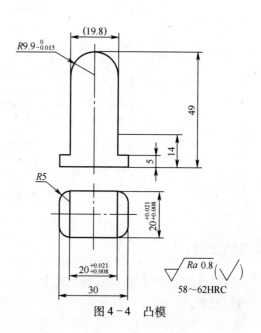

图4-4 凸模

（7）热处理:淬硬 58～62HRC。

（8）平磨:磨前面、后面及下面,成 69.8mm×30mm×20mm,保证尺寸 $20^{+0.021}_{+0.008}$mm。

（9）线切割:线切割成形,留单面研磨余量 0.005mm。

（10）钳:研磨线切割表面至要求;倒 R5mm 圆角。

（11）检验。

二、注意事项

（1）操作平面磨床、线切割机床时要遵守机床操作规程。

（2）线切割要找工件的安装位置。

（3）倒 R5mm 圆角时,可在砂轮上进行,也可在工具磨上进行。

任务2.2   凹模零件加工

弯曲凹模零件如图 4-5 所示,共 1 件,材料为 Cr12。凹模零件的坯料已经过备料、锻、热处理、铣、平磨等加工工序,尺寸为 66.3mm×60.3mm×20.3mm,按照凹模零件的加工工艺,完成零件的制作,达到图样要求。

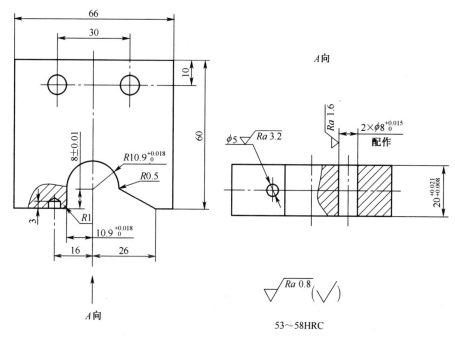

图 4-5   凹模

一、凹模加工工艺

（1）备料。

（2）锻:锻成 76mm×70mm×30mm。

（3）热处理:退火。

（4）铣:铣六面,成 66.5mm×60.5mm×20.5mm,对角尺。

（5）平磨:磨六面,成 66.3mm×60.3mm×20.3mm。

（6）钳:外形倒角;按图划出 ϕ5mm 孔位置,钻 ϕ5mm 孔。

（7）热处理：淬硬 53~58HRC。

（8）平磨：磨六面至尺寸 66mm×60mm×20mm，保证尺寸 $20^{+0.021}_{+0.008}$ mm。

（9）线切割：线切割 R10.9 处成型，留单面研磨余量 0.005mm。

（10）电火花：用电火花穿孔机在 2×ϕ8mm 销钉孔中心加工 ϕ3mm 穿丝孔。

（11）钳：研磨线切割表面至要求。

（12）检验。

二、注意事项

（1）2×ϕ8mm 销钉孔配作。

（2）线切割 R10.9 处前，应找正工件的安装位置。

任务 2.3 固定板加工

弯曲凸模固定板如图 4-6 所示，共 1 件，材料为 45 钢。凸模固定板零件的坯料已经过备料、锻、热处理、铣、平磨等加工工序，尺寸为 100mm×80mm×14mm，要求从工序（6）开始，按照凸模固定板零件的加工工艺，完成零件的制作，达到图样要求。

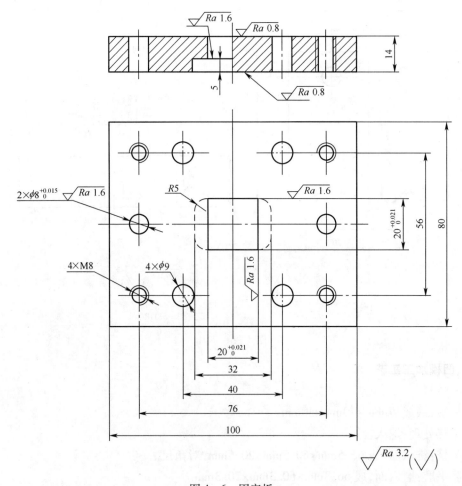

图 4-6 固定板

一、凸模固定板加工工艺

（1）备料。

（2）锻：锻成 106mm×86mm×20mm。

（3）热处理：退火。

（4）铣：铣六面，成 100mm×80mm×14.3mm，对角尺。

（5）平磨：磨上、下两平面。

（6）钳：外形倒角；按图划出 $2×\phi8^{+0.015}_{0}$mm 销钉孔、4×M8 螺纹孔的位置线，划出型孔中心的穿丝孔位置线，划出反面沉孔的位置线；中间钻 $\phi4$mm 穿丝孔，钻 4×M8 螺纹底孔 $\phi6.8$mm，孔口倒角；攻 4×M8 螺纹。

（7）铣：下面铣 32mm×20mm 孔。

（8）线切割：线切割 20mm×20mm 型孔。

（9）检验。

二、注意事项

（1）钳工划线应正确，$4×\phi9$mm 卸料螺钉过孔配作，不用划出孔的位置；$2×\phi8^{+0.015}_{0}$mm 销钉孔配作；在型孔中心钻 $\phi4$mm 穿丝孔，不能歪斜。

（2）操作线切割机床时要遵守机床操作规程。

（3）攻螺纹时要确保丝攻与凸模固定板平面垂直并加油润滑。

任务2.4　卸料板加工

卸料板如图 4-7 所示，共 1 件，材料为 45 钢。卸料板零件的坯料已经过备料、锻、热处理、铣、平磨等加工工序，尺寸为 80.3mm×66.3mm×11.3mm，要求按照卸料板零件的加工工艺，完成零件的制作，达到图样要求。

一、卸料板加工工艺

（1）备料。

（2）锻：锻成 90mm×76mm×20mm。

（3）热处理：退火。

（4）铣：铣六面，成 80.7mm×66.7mm×11.7mm，对角尺。

（5）平磨：磨六面，成 80.4mm×66.4mm×11.4mm，对角尺。

（6）钳：外形倒角。

（7）铣：用 $\phi2$mm 中心钻点钻 $\phi3$mm、中心穿丝孔位置及 4×M6 位置；钻、铰 $\phi3$mm 孔，铣出中间槽，单面留 0.3mm 左右磨削余量。

（8）钳：钻 4×M6 螺纹底孔 $\phi5$mm，打穿丝孔 $\phi4$mm，孔口倒角；攻 4×M6 螺纹。

（9）热处理：淬硬 43~48HRC。

（10）平磨：磨六面成 80mm×66mm×11mm。

（11）工具磨：磨中间深 1mm 槽到要求。

（12）线切割：线切割型孔至要求。

（13）检验。

二、注意事项

（1）钻 $\phi4$mm 穿丝孔时不能歪斜。

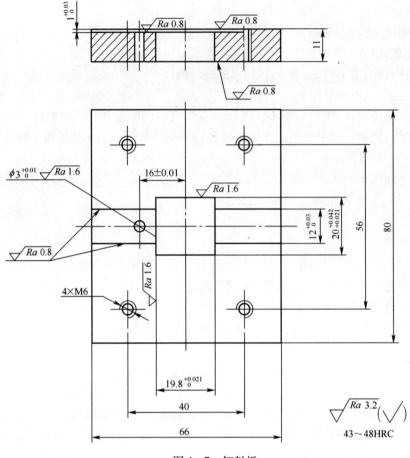

图 4-7　卸料板

（2）线切割前要找正卸料板安装位置。

（3）攻螺纹时要确保丝攻与卸料板平面垂直并加油润滑。

（4）工具磨磨中间深 1mm 槽，要保证与 $\phi3^{+0.01}_0$ mm 孔中心对称，槽边与尺寸 66mm 方向的面平行。

任务 2.5　下模板加工

下模板如图 4-8 所示，共 1 件，材料为 45 钢。下模板零件的坯料已经过备料、锻、热处理、铣、平磨等加工工序，尺寸为 180mm×120mm×25mm，要求从工序（6）开始，按照垫板零件的加工工艺，完成零件的制作，达到图样要求。

一、垫板加工工艺

（1）备料。

（2）锻：锻成 190mm×130mm×35mm。

（3）热处理：退火。

（4）铣：铣六面，成 180mm×120mm×25.4mm，对角尺。

（5）平磨：磨上、下两面至要求。

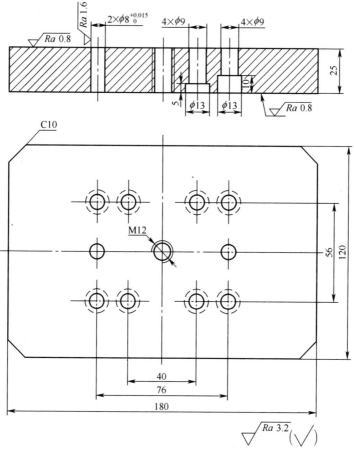

图 4-8 下模板

(6) 铣:倒角 C10mm。

(7) 钳:外形倒角;按图划 4×φ9mm 螺钉过孔、M12 螺纹孔的位置线;分别用 φ9mm、φ10.3mm 钻头钻孔,扩 φ13mm 深 10mm 沉孔,孔口倒角;攻 M12 螺纹。

(8) 检验。

二、注意事项

(1) 钳工划线应正确,钻 4×φ9mm 孔要保证孔位置正确。

(2) 卸料螺钉过孔及销钉孔配作。

(3) 注意钳工安全操作。

任务2.6　卸料螺钉加工

卸料螺钉如图 4-9 所示,共 4 件,材料为 45 钢。坯料尺寸为 φ15mm×280mm,要求按照卸料螺钉零件的加工工艺,完成零件的制作,达到图样要求。

一、卸料螺钉加工工艺

(1) 备料:φ15mm×280mm。

(2) 车:车成型,保证 4 件 64mm 尺寸一致。

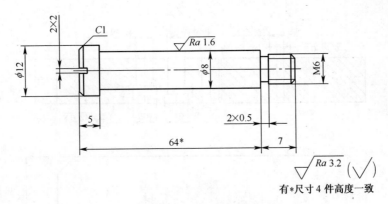

图 4-9 卸料螺钉

（3）铣：铣 2mm×2mm 槽。

（4）检验。

二、注意事项

（1）套 M6 螺纹时注意不要烂牙。

（2）尺寸 64mm 要根据凸模、凸模固定板、卸料板等的实际测量尺寸确定，且 4 件的尺寸保持一致。

（3）注意车床安全操作。

任务 2.7 定位钉加工

定位钉如图 4-10 所示，共 1 件，材料为 Cr12 钢。坯料尺寸为 ϕ10mm×30mm，要求按照挡料销零件的加工工艺，完成零件的制作，达到图样要求。

一、挡料销加工工艺

（1）备料：ϕ10mm×30mm。

（2）车：按图 4-11 车削工序图车成型，倒角 C0.5mm。

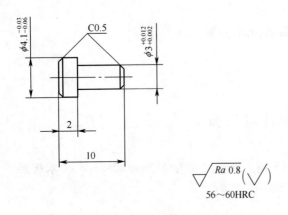

图 4-10 定位钉

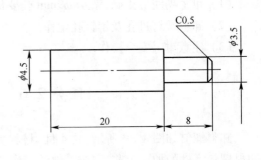

图 4-11 定位钉车削工序图

（3）热处理：淬硬 56～60HRC。

（4）磨：磨削 $\phi 4.1_{-0.06}^{-0.03}$ mm、$\phi 3_{+0.002}^{+0.012}$ mm 至要求。即可。

（5）线切割：去部分工艺夹头，保证 $\phi 4.1$ mm 长 2mm。

（6）磨：倒角 C0.5mm。

（7）检验。

二、注意事项

（1）车削时 $\phi 4.1$ mm、$\phi 3$ mm 留磨削余量 0.3mm。

（2）磨削时可用三爪卡盘夹住 $\phi 4.5$ mm 处，伸出 5mm 左右磨 $\phi 4.1$ mm 的长度。

任务2.8 模 柄 加 工

模柄如图 4-12 所示，共 1 件，材料为 45 钢。坯料尺寸为 $\phi 80$ mm×120mm，要求按照模柄零件的加工工艺，完成零件的制作，达到图样要求。

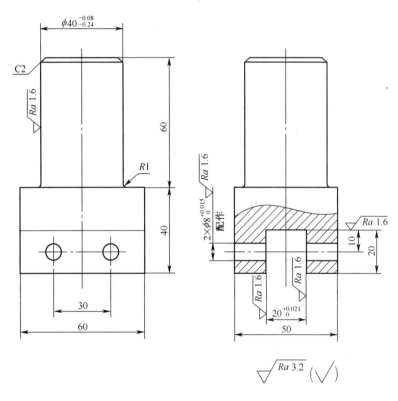

图 4-12 模柄

一、模柄加工工艺

（1）备料：$\phi 80$ mm×120mm。

（2）车：按图 4-13 车成型。

（3）铣：60mm×50mm 外形，80mm×20mm 槽至要求。

（4）钳：外形倒角；划出 2×$\phi 8$ mm 销钉孔位置，打 2×$\phi 4$ mm 穿丝孔。

（5）检验。

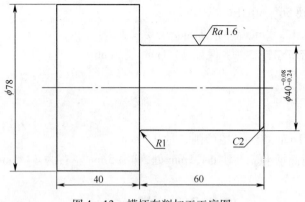

图4-13　模柄车削加工工序图

二、注意事项

（1）铣 80mm×20mm 槽要保证宽度要求、表面粗糙度要求。

（2）2×ϕ8mm 圆柱销孔在装配时配作。

任务3　模具组件装配

■任务分析

管卡弯曲模的组件有凸模与固定板组件，如图4-14所示。需把凸模装入固定板孔中，下表面磨平，装配要求及方法见本书附录。

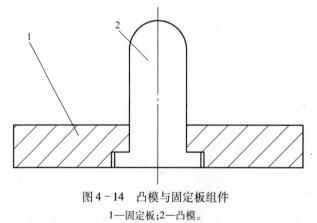

图4-14　凸模与固定板组件
1—固定板；2—凸模。

（1）熟悉管卡弯曲模组件的装配要求。

（2）掌握管卡弯曲模组件装配。

■知识技能准备

实施任务3前，可学习相关教材、专业书、手册及本书附录，需具备一定的钳工专业知识和操作技能：

（1）熟悉装配图，分析模具结构、零件的连接方式和配合性质，了解管卡弯曲模组件的装配要求。

（2）具有钳工基本操作技能及钳工装配知识和技能。

（3）具有操作磨床、钳工加工设备的知识与技能。

（4）具有操作使用设备的安全知识。

■任务实施

一、装配步骤

（1）去除凸模、固定板孔边缘毛刺，擦净上油。

（2）将凸模用锤敲入固定板孔中 2～5mm，检查凸模的垂直度，如垂直，用压力机将凸模压入固定板孔中；如不垂直，敲出重新装配。

（3）在磨床上把凸模底面与固定板底面一齐磨平。

二、注意事项

检查凸模垂直度要多个位置检测。

任务4　模具总装配

■任务分析

管卡弯曲模总装配图，如图 4－1 所示。在管卡弯曲模零件加工完成、凸模固定板组件装配结束之后，即可进行模具总装配。即把凹模、凸模固定板组件、卸料板、垫板、卸料螺钉等所有零部件，按照管卡弯曲模各零件的装配位置关系，完成模具总装配，达到图样要求。

（1）熟悉管卡弯曲模装配图，掌握管卡弯曲模的装配步骤。对于无导柱模具，凸、凹模的间隙是在模具安装到冲床上时进行调整的，上、下模的装配次序没有严格的要求，可以分别进行装配。

（2）会操作加工设备，进行零件的补充加工，完成管卡弯曲模装配。

■任务准备

实施任务 4 前，可学习相关教材、专业书、手册及本书附录，需具备一定的专业知识和操作技能：

（1）熟悉管卡弯曲模装配步骤及要求。

（2）具有钳工基本操作技能和装配技能。

（3）具有操作磨床等机床的知识与技能。

（4）具有操作各加工设备及钳工装配的安全知识。

■任务实施

任务4.1　下模装配

下模装配主要是完成固定板、下模板上的孔加工，把卸料板、固定板组件固定在下模板上，达到装配要求。

一、装配步骤

（1）把卸料板 5 套在凸模 10 上，与固定板 3 一起用平行夹头夹住，用 φ5mm 钻头从卸料板 M6 的螺纹孔中，向固定板引钻浅坑，确定卸料螺钉孔位置，完成后拆开。

（2）把固定板 3 组件与下模板 1 用内六角螺钉 11 紧固在一起，按图 4－6、图 4－8 要求，钻、铰 2×φ8mm 圆柱销孔，钻 4×φ9mm 卸料螺钉过孔；完成后拆开，在下模板上扩 φ13mm 深 5mm 的沉孔；孔口倒角。

（3）把下模板 1 放在平板上，装上固定板 3 组件，打入圆柱销孔 2，用内六角螺钉 11 紧固在一起。

（4）把定位钉 6 打入卸料板 5 上的定位钉孔中；把卸料板 5 装在凸模 11 上，拧紧卸料螺钉 4；下模装配完毕。

二、注意事项

（1）装配前应准备好装配中需用的工具，并对零件进行检查，合格后才能进行装配。

（2）所有零件在装配前应去除毛刺，表面涂上适量润滑油。装配时各零件应做好记号，以方便今后拆装。

（3）紧固内六角螺钉时，应对角均匀拧紧。

任务 4.2　上 模 装 配

上模装配主要是完成模柄与凹模上的销钉孔加工，并完成模柄与凹模的装配。

一、装配步骤

（1）将凹模 7 装入模柄 9 槽内，找正位置后用平行夹头夹紧，按图 4－5、图 4－12 所示，用线切割割出 2×φ8mm 圆柱销孔。完成后拆开，孔口倒角。

（2）将凹模 7 装入模柄 9 槽内，找正位置后打入圆柱销 8，上模装配完成。

二、注意事项

（1）装配前应准备好装配中需用的工具、夹具并对模柄、凹模等进行检查合格后才能进行装配。

（2）装配前应去除毛刺，表面涂上适量润滑油，做好记号，以方便今后拆装。

■ **归纳总结**

通过任务 4 学习，熟悉了管卡弯曲模的装配步骤及要求，完成了模具总装配，可进行下一个任务——试模。

任务 5　试模及调试

■ **任务分析**

管卡弯曲模装配完成后，需进行试模，检查模具及工件质量是否合格，能不能达到图样要求。试模所用冲床为 16t 开式双柱可倾压力机，型号为 J23－16。

（1）熟悉管卡弯曲模试模时常见问题及解决方法。

（2）会在冲床上安装模具，操作冲床。

■知识技能准备

实施任务 5 前，可学习相关教材、专业书、手册及附录：

（1）熟悉 J23 - 16 冲床操作。

（2）熟悉管卡弯曲模试模时常见问题及解决方法。

（3）了解模具在冲床上安装步骤。

（4）具有操作冲压设备的安全知识。

■任务实施

一、管卡弯曲模试模

（1）选用型号为 J23 - 16 的 16t 开式双柱可倾压力机，开启电源试运行，检查压力机是否处于正常工作状态。

（2）搬动飞轮，将冲床滑块降至下死点，调节连杆，使冲床的装模高度略大于模具的闭合高度，并将冲床的打料螺栓调整到安全位置。

（3）松开滑块上模柄压块上的紧固螺栓，把上模安装在冲床滑块孔中，调整好模具的方向，使滑块底面与上模座紧密接触，旋紧模柄压块上的紧固螺栓及紧定螺钉，将上模紧固在滑块上。把下模与冲床的接触面擦干净，推移至上模凹模下面，在凹模与凸模间垫上 1mm 厚的铁皮，调节连杆，使凹模压紧下模，然后用压板、螺钉将下模紧固在冲床的工件台面上。

（4）模具紧固后，调节连杆，使滑块上移，模具脱离闭合状态。

（5）搬动飞轮，滑块上移至上死点。再次搬动飞轮，使滑块下上完成一个工作循环，检查有无异常情况，无异常时，即可启动压力机，不放板料，脚踏开关试冲。

（6）试冲几次无障碍后，在冲床工作台下面装入顶件装置。

（7）放入 1 个工件坯料，逐步调长连杆，使凸模与凹模的间隙等于材料厚度，锁紧滑块调节连杆。

（8）放入工件坯料进行试冲。

二、管卡级进模的调试

管卡弯曲模安装好以后，即可进行试冲。冲出的弯曲件，按工件图样要求，进行尺寸等检查。如弯曲件出现质量问题，可按表 4 - 2 进行调试。

表 4 - 2　管卡弯曲模试模时常见问题及解决方法

常 见 问 题	产 生 原 因	解 决 方 法
弯曲制件底面不平	卸料板压料力不够	增加的弹力
弯曲制件尺寸和形状不合格	冲压件产生回弹造成制件的不合格	（1）修改凸模的形状 （2）增加凹模的深度 （3）减少凸、凹模之间的间隙 （4）增加的弹顶装置的弹力

常 见 问 题	产 生 原 因	解 决 方 法
弯曲制件产生裂纹	凹模圆角小	加大凹模圆角
弯曲制件表面擦伤或壁厚减薄	（1）凹模圆角大小或表面粗糙 （2）板料粘附在凹模内 （3）间隙小，挤压变薄	（1）加大凹模圆角，降低表面粗糙度数值 （2）凹模表面镀铬或化学处理 （3）增加间隙
弯曲件出现扭转	（1）卸料板与凸模之间的间隙太大 （2）卸料板安放坯料的槽位置不正确	（1）更换卸料板，减小与凸模之间的间隙 （2）修正或更换卸料板

三、注意事项

（1）在试模前，要对模具进行一次全面的检查，检查无误后，才能安装。

（2）模具上的活动部分，在试模前应加润滑油润滑。

（3）在冲床上试模时应严格遵守安全操作规程，确保操作安全。

（4）试模时模具安装应可靠。用压板螺钉将下模紧固在冲床的工件台面上，垫铁高度要合适，螺钉应靠近模具，紧固时应均匀压紧压板。

（5）试冲过程中，调节连杆时应缓慢，不要把工件压坏。

（6）顶件装置弹力及压缩长度要足够。

■归纳总结

通过任务 5 学习，完成了弯曲模具的试模及调试。至此，已完整地学习了管卡弯曲模具的制造。

5 项目五　盖板注射模制作

■学习目标

(1) 学习、巩固模具专业理论知识。

(2) 掌握盖板注射模零件的加工工艺、加工方法。

(3) 掌握盖板注射模的装配及调试方法。

(4) 进一步熟悉机械加工设备、模具加工专用设备,巩固、提高操作技能。

(5) 熟悉注射模具的制造过程。

■模具材料准备

盖板注射模模具材料见表5-1。

表5-1　盖板注射模模具材料

序号	名　称	材料	规　格	数量	备　注
1	定模座板	45钢	200×200×20	1	
2	定模扳	45钢	150×200×40	1	
3	动模板	45钢	150×200×40	1	
4	母模仁	45钢	122×102×26	1	
5	公模仁	45钢	122×102×27	1	
6	垫块	45钢	200×28×60	2	
7	顶针面板	45钢	200×90×13	1	
8	顶针底板	45钢	200×90×15	1	
9	动模座板	45钢	200×200×20	1	
10	定位环	45钢	ϕ105×80棒料	1	
11	浇口套	45钢	SBB ϕ3×4°	1	
12	司筒		ϕ3.5D5×85	4	GB/T 4169.1—2006
13	垃圾钉		D16×8	4	
14	顶针		ϕ3×85	12	GB/T 4169.1—2006
15	复位杆		ϕ12×80	4	GB/T 4169.13—2006
16	内六角螺钉		M6×15	2	GB/T 70.1—2000
17	内六角螺钉		M6×20	4	GB/T 70.1—2000
18	内六角螺钉		M8×15	4	GB/T 70.1—2000
19	内六角螺钉		M8×25	4	GB/T 70.1—2000
20	内六角螺钉		M8×20	4	GB/T 70.1—2000
21	内六角螺钉		M10×25	4	GB/T 70.1—2000
22	内六角螺钉		M10×85	4	GB/T 70.1—2000
23	定位销		ϕ4×6	1	GB/T 119—1986

■评分标准

盖板注射模制作评分标准,详见附录一模具制作实训评分表。

任务 1　盖板注射模制作准备

■任务分析

图 5-1 为盖板注射模。该模具注射成型的塑件为盖板，材料是 ABS。图 5-2 为工件图样，通过阅读盖板注射模具图样，要求学生能分析盖板注射模具的结构，了解工件的注塑成型过程，了解模具的制造过程。

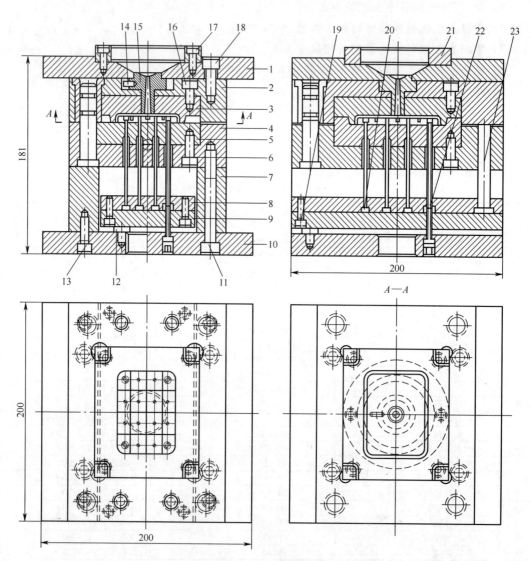

图 5-1　盖板注射模
1—定模座板；2—定模板；3—母模仁；4—动模板；5—公模仁；6—内六角螺钉；7—垫块；8—顶针面板；
9—顶针底板；10—动模座板；11—内六角螺钉；12—垃圾钉；13—内六角螺钉；14—定位销；15—浇口套；16—内六角螺钉；
17—内六角螺钉；18—内六角螺钉；19—内六角螺钉；20—顶针；21—定位环；22—司筒；23—复位杆。

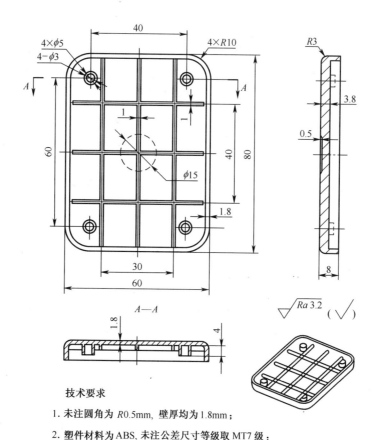

技术要求

1. 未注圆角为 R0.5mm, 壁厚均为 1.8mm；

2. 塑件材料为 ABS, 未注公差尺寸等级取 MT7 级；

3. 未注脱模斜度为 1°。

图 5-2 工件图

知识技能准备

须具有塑料模具的专业理论知识和模具零件加工等相关知识与技能,可参阅相关教材、专业书及手册。

任务实施

一、盖板注射模结构

盖板注射模具结构见图 5-3,模具由定模部分、动模部分组成。注射成型时,料流从主浇道直接进入型腔,充填满后冷却成型。开模时,成型塑件由顶针顶出。该模具采用一模一件的结构。

定模部分主要由定模座板 1、定模板 2、母模仁 3 组成,定位环 21 由内六角螺钉 17(2 支)固定在定模板 2 上,浇口套15 靠定位销 14 定位,被定模座板 1 压住固定,定模座板 1 和

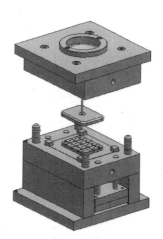

图 5-3 模具结构图

定模板 2 由内六角螺钉 18(4 支)固定,母模仁 3 由内六角螺钉 16(4 支)固定在定模板 2 内。

动模部分由动模板 4、公模仁 5、垫块 7、顶针面板 8、顶针底板 9、动模座板 10 组成,动模座板 10 和垫块 7 由内六角螺钉 13(4 支)固定,动模板 4、垫块 7、动模座板 10 由内六角螺钉 11 (4 支)固定,顶针 20(12 支)、司筒 22(4 支)、复位杆 23(4 支)安装在顶针面板 8 和顶针底板 9 上面,由内六角螺钉 19(4 支)固定,垃圾钉 12(4 支)固定在动模座板 10 上面,公模仁 5 安装在动模板 4 的凹槽内,由内六角螺钉 6(4 支)固定。

二、盖板注射模制作过程

盖板注射模的制作过程如图 5-4 所示。

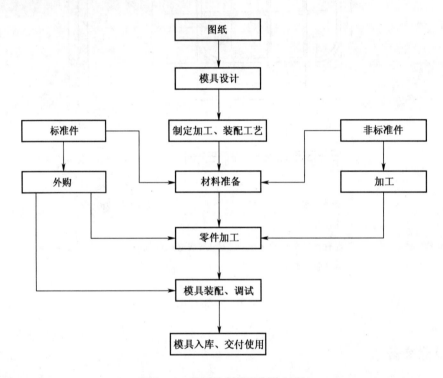

图 5-4　盖板注射模的制作过程

■**归纳总结**

通过任务 1 学习,学生熟悉了盖板注射模具结构,了解其制造过程,为模具零件加工及模具装配做好准备。

任务 2　模具零件加工

■**任务分析**

盖板注射模采用大水口 CI 型 2020 标准模架,需要加工的零件有定模座板、定模板、动模板、母模仁、公模仁、垫块、顶针面板、顶针底板、动模座板、定位环、浇口套、顶针、复位杆等,按照盖板注射模各零件的加工工艺,完成各零件的制作,达到图样要求。

（1）熟悉、掌握盖板注射模各零件的加工工艺。

（2）会操作磨床、数控铣床、车床、线切割机床、电火花成型机床等加工设备,完成盖板注射模各零件的制作。

■ 知识技能准备

实施任务 2 前,可学习相关教材、专业书、手册,完成必要的基础技能训练,需具备一定的专业知识和操作技能:

（1）具有注射模具零件加工的工艺知识。

（2）具有钳工基本操作技能。

（3）具有数控铣床、线切割机床、电火花成型机床编程知识与操作技能。

（4）具有操作磨床、车床、数控铣床、线切割机床、电火花成型机床等的知识与技能。

（5）具有一定的热处理知识。

（6）具有操作各设备的安全知识。

■ 任务实施

任务 2.1　定位环加工

一、定位环加工工艺

定位环如图 5－5 所示,材料为 45 钢,加工工艺如下:

（1）备料:$\phi105\text{mm}\times80\text{mm}$ 棒料。

（2）车:车成型。保证各尺寸要求,倒角。

（3）钳:划 $2\times\phi6.5\text{mm}$ 钻孔位置线,钻、扩 $2\times\phi6.5\text{mm}$ 台阶孔,倒角。

（4）检验。

二、注意事项

（1）钳工划线应正确,钻孔位置要正确。

（2）操作车床、台式钻床应遵守操作规程。

（3）注意安全操作。

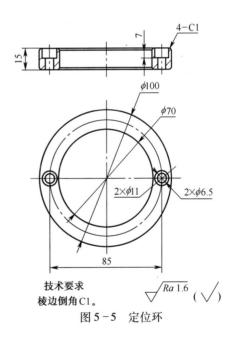

技术要求

棱边倒角C1。

$\sqrt{Ra\,1.6}$　$(\sqrt{})$

图 5－5　定位环

任务 2.2　浇口套加工

一、浇口套加工工艺

浇口套如图 5－6 所示,材料为 45 钢,加工工艺如下:

（1）备料:浇口套为采购的标准件。

（2）钳:划定位销孔位置线,钻 $\phi 4mm$ 定位销孔,倒角。

（3）磨:根据模板实际尺寸,磨配浇口套的长度。

（4）检验。

二、注意事项

（1）钳工划线应正确,钻孔位置要正确。

（2）操作磨床、台式钻床应遵守操作规程。

（3）浇口套的长度,根据模板实际厚度尺寸测量后配磨。

（4）注意安全操作。

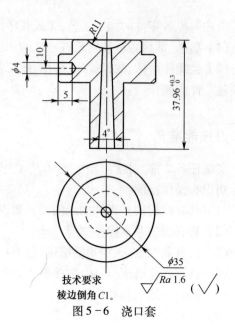

技术要求
棱边倒角C1。

图5-6　浇口套

任务2.3　定模座板加工

一、定模座板加工工艺

定模座板如图5-7所示,材料为45钢,加工工艺如下:

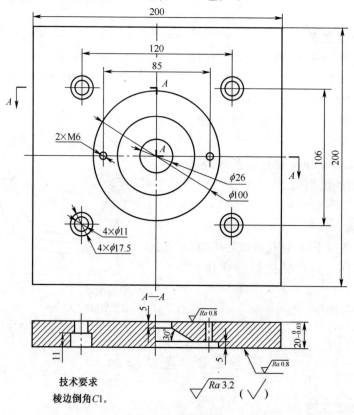

技术要求
棱边倒角C1。

图5-7　定模座板

（1）备料:定模座板为采购的标准件。

（2）磨:磨上、下两面,保证尺寸 200mm×200mm×20mm。

（3）数控铣:钻、扩 4×φ11mm 台阶孔,铣 φ100mm 定位环定位孔,钻 2×M6 螺纹孔底孔。

（4）钳:攻 2×M6 螺纹。

（5）检验。

二、注意事项

（1）数控铣床加工时应选择合适的切削参数和刀具。

（2）数控铣床加工前应检查工件装夹方向与编程方向是否一致。

（3）操作平面磨床、数控铣床时要遵守机床操作规程。

（4）攻 2×M6 螺纹时要使丝攻与工件平面垂直。

（5）注意安全操作。

任务2.4 定模板加工

一、定模板加工工艺

定模板如图 5－8 所示,材料为 45 钢,加工工艺如下。

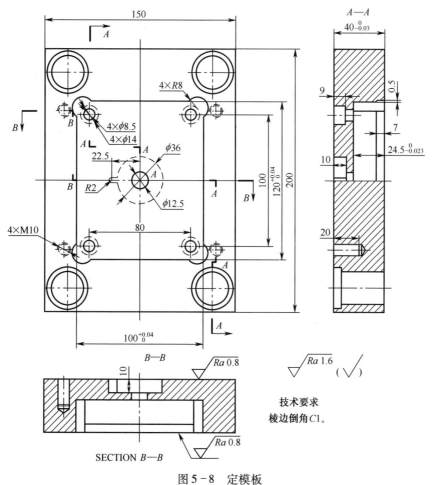

图 5－8 定模板

（1）备料：定模座板备料为采购的标准件。

（2）磨：磨上、下两面，保证尺寸 200mm×150mm×40mm。

（3）数控铣：铣浇口套台阶孔，铣母模仁安装槽，钻 4×M10 螺纹孔底孔，钻、扩 4×φ8.5mm
台阶孔。

（4）钳：攻 4×M10 螺纹。

（5）检验。

二、注意事项

（1）数控铣床加工时应选择合适的切削参数和刀具。

（2）数控铣床加工前应检查工件装夹方向与编程方向是否一致。

（3）操作平面磨床、数控铣床时要遵守机床操作规程。

（4）攻 4×M10 螺纹时要确保丝攻与工件平面垂直。

（5）注意安全操作。

任务 2.5 母模仁加工

一、母模仁加工工艺

母模仁如图 5-9 所示，材料为 45 钢，加工工艺如下。

（1）备料：122mm×102mm×26mm。

（2）铣：铣六方体保证尺寸为 120.3mm×100.3mm×25.3mm。

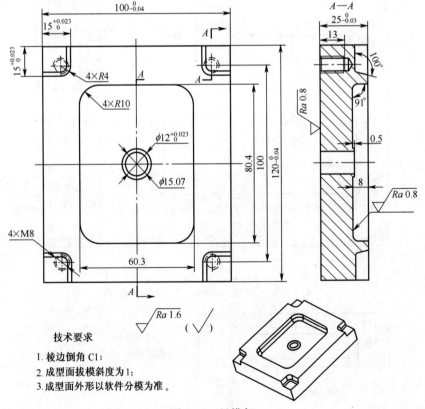

技术要求

1. 棱边倒角 C1；
2. 成型面拔模斜度为 1；
3. 成型面外形以软件分模为准。

图 5-9 母模仁

（3）磨：磨六面，保证尺寸 120mm×100mm×25mm，对角尺。

（4）数控铣：钻 4×M8 螺纹孔底孔，钻、铰浇口套通孔 ϕ12mm，铣母模仁成型面（成型面外形以软件分模为准）。

（5）钳：研磨成型面，攻 4×M8 螺纹。

（6）检验。

二、注意事项

（1）数控铣床加工时应选择合适的切削参数和刀具。

（2）数控铣床加工前应检查工件装夹方向与编程方向是否一致。

（3）操作平面磨床、数控铣床时要遵守机床操作规程。

（4）攻 4×M8 螺纹时要确保丝攻与工件平面垂直。

（5）注意安全操作。

任务 2.6　公模仁加工

一、公模仁加工工艺

公模仁如图 5-10 所示，材料为 45 钢，加工工艺如下。

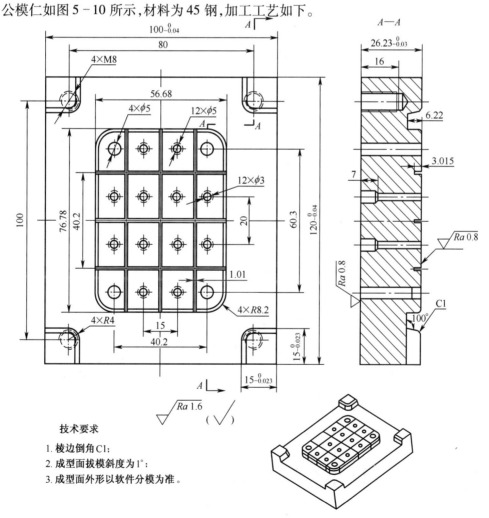

技术要求

1. 棱边倒角 C1；

2. 成型面拔模斜度为 1°；

3. 成型面外形以软件分模为准。

图 5-10　公模仁

（1）备料：122mm×102mm×27mm。

（2）铣：铣六方体保证尺寸为120.3mm×100.3mm×26.5mm。

（3）磨：磨六面，保证尺寸120mm×100mm×26.23mm，对角尺。

（4）数控铣：钻4×M8螺纹孔底孔，钻顶针穿丝孔，钻司筒穿丝孔，铣公模仁成型面（成型面外形以软件分模为准），加工筋位电极，电极外形以软件分模外形为准。

（5）线切割：线切割顶针、司筒外形孔，单边割大0.015mm。

（6）电火花：用电极电火花打筋槽。

（7）钳：研磨成型面，攻4×M8螺纹。

（8）检验。

二、注意事项

（1）数控铣床加工时应选择合适的切削参数和刀具。

（2）数控铣床加工前应检查工件装夹方向与编程方向是否一致。

（3）操作平面磨床、数控铣床、线切割机床、电火花成型机床时要遵守机床操作规程。

（4）攻4×M8螺纹时要确保丝攻与工件平面垂直。

（5）注意安全操作。

任务2.7　动模板加工

一、动模板加工工艺

动模板如图5-11所示，材料为45钢，加工工艺如下。

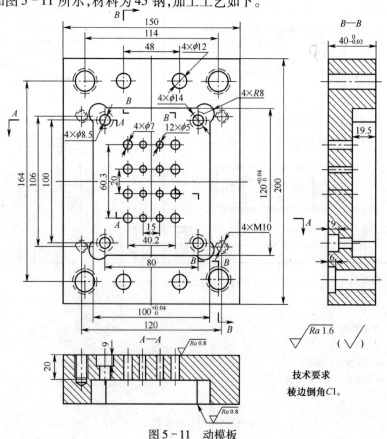

图5-11　动模板

（1）备料：动模板为采购的标准件。

（2）磨：磨上、下两面，保证尺寸 200mm×150mm×40mm。

（3）数控铣：铣公模仁安装槽，钻、扩 4×ϕ8.5mm 台阶孔，钻 12×ϕ5mm 顶针孔，钻 4×ϕ7mm 司筒通孔，钻复位杆穿丝孔，钻 4×M10 螺纹孔底孔。

（4）线切割：线切割复位杆通孔，单边割大 0.015mm。

（5）钳：攻 4×M10 螺纹。

（6）检验。

二、注意事项

（1）数控铣床加工时应选择合理的切削参数和刀具。

（2）数控铣床加工前应检查工件装夹方向与编程方向是否一致。

（3）操作平面磨床、数控铣床、线切割机床时要遵守机床操作规程。

（4）攻 4×M10 螺纹时要确保丝攻与工件平面垂直。

（5）磨上、下面时，需拆装导柱，注意安全操作。

任务 2.8 垫 块 加 工

一、垫块加工工艺

垫块如图 5-12 所示，材料为 45 钢，加工工艺如下。

（1）备料：垫块为采购的标准件。

（2）磨：磨上、下两面，保证尺寸 200mm×28mm×60mm。

（3）数控铣：钻 2×M8 螺纹孔底孔、钻 2×ϕ11mm 通孔。

（4）钳：攻 2×M8 螺纹。

（5）检验。

二、注意事项

（1）数控铣床加工时应选择合适的切削参数和刀具。

（2）数控铣床加工前应检查工件装夹方向与编程方向是否一致。

（3）操作平面磨床、数控铣床时要遵守机床操作规程。

（4）攻 2×M8 螺纹时要确保丝攻与工件平面垂直。

（5）注意安全操作。

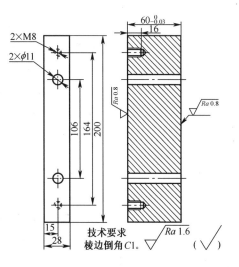

图 5-12 垫块

任务 2.9 动 模 座 板 加 工

一、动模座板加工工艺

动模座板如图 5-13 所示，材料为 45 钢，加工工艺如下。

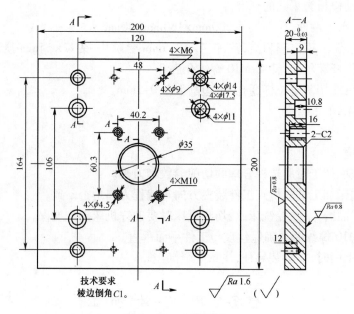

图 5－13　动模座板

（1）备料：动模座板为采购的标准件。

（2）磨：磨上、下两面,保证尺寸 200mm×200mm×20mm。

（3）数控铣：钻、镗 φ35 通孔,钻、扩 4×φ11mm 台阶孔,钻、扩 4×φ9mm 台阶孔,钻 4×M6 螺纹底孔,钻司筒 4×φ4.5mm 通孔,钻 4×M10 平头螺纹底孔。

（4）钳：攻 4×M6 螺纹,攻 4×M10 螺纹。

（5）检验。

二、注意事项

（1）数控铣床加工时应选择合适的切削参数和刀具。

（2）数控铣床加工前应检查工件装夹方向与编程方向是否一致。

（3）操作平面磨床、数控铣床时要遵守机床操作规程。

（4）攻 4×M6、4×M10 螺纹时要确保丝攻与工件平面垂直。

（5）注意安全操作。

任务2.10　顶针面板加工

一、顶针面板加工工艺

顶针面板如图 5－14 所示,材料为 45 钢,加工工艺如下。

（1）备料：顶针面板为采购的标准件。

（2）磨：磨上、下两面,保证尺寸 200mm×90mm×13mm。

（3）数控铣：钻、扩 4×φ5.5mm 台阶孔,钻、扩 12×φ4mm 台阶孔,钻、扩 4×φ12mm 台阶孔,钻 4×M6 螺纹底孔。

（4）钳：攻 4×M6 螺纹。

（5）检验。

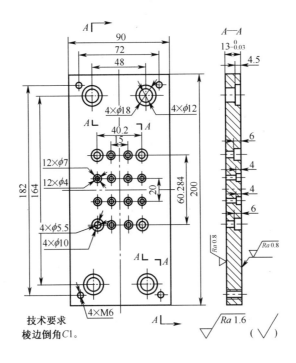

图 5－14　顶针面板

二、注意事项

（1）数控铣床加工时应选择合适的切削参数和刀具。

（2）数控铣床加工前应检查工件装夹方向与编程方向是否一致。

（3）操作平面磨床、数控铣床时要遵守机床操作规程。

（4）攻 4×M6 螺纹时要确保丝攻与工件平面垂直。

（5）注意安全操作。

任务 2.11　顶针底板加工

一、顶针底板加工工艺

顶针底板如图 5－15 所示，材料为 45 钢，加工工艺如下。

（1）备料：顶针底板为采购的标准件。

（2）磨：磨上、下两面，保证尺寸 200mm×90mm×15mm。

（3）数控铣：钻、扩 4×ϕ6.5mm 台阶孔，钻 4×ϕ4.5mm 通孔。

（4）检验。

二、注意事项

（1）数控铣床加工时应选择合适的切削参数和刀具。

（2）数控铣床加工前应检查工件装夹方向与编程方向是否一致。

（3）操作平面磨床、数控铣床时要遵守机床操作规程。

（4）注意安全操作。

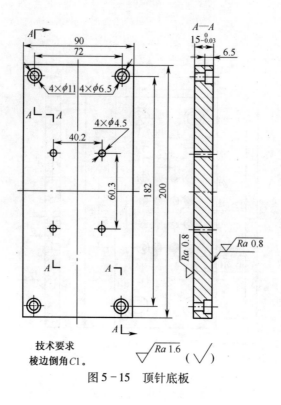

技术要求
棱边倒角 C1。

图 5 - 15　顶针底板

归纳总结

通过对任务 2 的学习,学生熟悉了盖板注射模各零件的结构及其制造过程,完成了零件加工,为模具装配做好准备。

任务 3　模具组件装配

任务分析

盖板注射模的组件有浇口套与止转销钉组件,母模仁与定模板组件,公模仁与动模板组件,顶针面板与顶针底板组件,垃圾钉与动模座板组件等,要求按照装配工艺,完成各组件的装配。

（1）熟悉盖板注射模各组件的装配要求。

（2）掌握盖板注射模各组件装配。

知识技能准备

实施任务 3 前,可学习相关教材、专业书、手册及本书附录,需具备一定的钳工专业知识和操作技能:

（1）了解盖板注射模各组件的装配要求。

（2）具有钳工基本操作技能及钳工装配知识和技能。

（3）具有操作磨床、钳工设备的知识与技能。

（4）具有操作使用设备的安全知识。

■任务实施

任务3.1　浇口套与止转销钉装配

浇口套与止转销钉组件是由浇口套和止转销钉组成,如图5－16所示,需把止转销钉装入浇口套至转孔中。

一、装配步骤

（1）去除浇口套孔边缘毛刺,擦净上油。

（2）将止转销钉用铜棒敲入浇口套4～5mm。

二、注意事项

（1）止转销孔不能装歪。

（2）止转销装入浇口套后尾部露出5mm左右。

（3）浇口套为采购的标准件,浇口套总长度根据通过模板零件的实际尺寸配磨。

图5－16　浇口套与止转销钉组件

任务3.2　母模仁与定模板装配

母模仁与定模板组件是由母模仁和定模板组成,如图5－17所示,需把母模仁装入定模板中。

一、装配步骤

（1）将母模仁和定模板清洗干净,擦净上油。

（2）把定模板放在等高垫铁上,将母模仁装入定模板中（用铜棒轻轻敲击）,把母模仁和定模板组件翻转,装入沉头螺钉,用内六角扳手拧紧。

二、注意事项

（1）清洗母模仁前,先用M8丝攻去除螺纹孔内的杂物。

（2）用内六角扳手拧紧沉头螺钉时,用力应均匀。

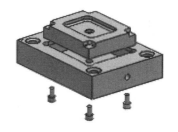

图5－17　母模仁与定模板组件

任务3.3　公模仁与动模板装配

公模仁与动模板组件是由公模仁和动模板组成,如图5－18所示,需把公模仁装入动模板中。

一、装配步骤

（1）将公模仁和动模板清洗干净,擦净上油。

（2）把动模板放在等高垫铁上,将公模仁装入动模板中（用铜棒轻轻敲击）,把公模仁和动模板组件翻转,装入沉头螺

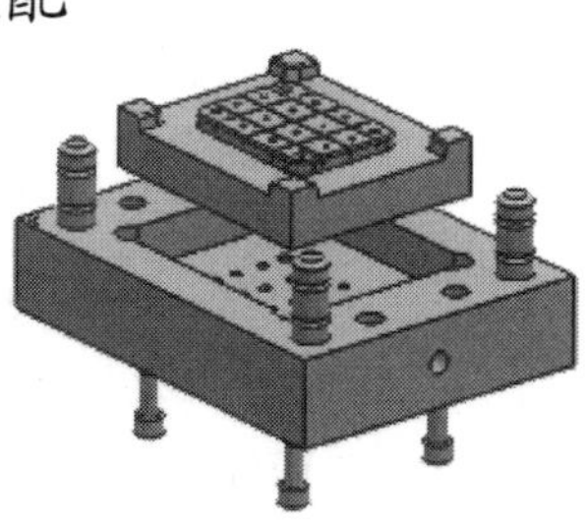

图5－18　公模仁与动模板组件

钉,用内六角扳手拧紧。

二、注意事项

(1) 清洗公模仁前,先用 M8 丝攻去除螺纹孔内的杂物。

(2) 用内六角扳手拧紧沉头螺钉时,用力应均匀。

任务3.4　垃圾钉与动模座板装配

垃圾钉与动模座板组件是由垃圾钉和动模座板组成,如图 5-19 所示,需把垃圾钉安装在动模座板上。

一、装配步骤

(1) 将垃圾钉与动模座板清洗干净,擦净上油。

(2) 把动模座板放在等高垫铁上,将垃圾钉按规定方向装在动模座板上,装入沉头螺钉,用内六角扳手拧紧,把垃圾钉固定在动模座板上。

(3) 垃圾钉安装完成后,检查各垃圾钉之间的高度是否平齐,如高度不平,在磨床上把高度磨平。

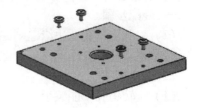

图 5-19　垃圾钉与动模座板组件

二、注意事项

(1) 清洗动模座板前,先用 M6 丝攻去除螺纹孔内的杂物。

(2) 垃圾钉与动模座板组件装配完成后一定要检查垃圾钉的高度是否平齐。

(3) 用内六角扳手拧紧沉头螺钉时,用力应均匀。

任务3.5　顶针面板与顶针底板装配

顶针面板与顶针底板组件是由顶针面板、顶针底板、顶针、司筒、复位杆等组成,如图 5-20 所示,需把顶针、司筒、复位杆固定在顶针面板和顶针底板组件中。

一、装配步骤

(1) 将顶针、司筒、复位杆、顶针面板、顶针底板清洗干净,擦净上油。

(2) 把顶针面板放在等高垫铁上,将顶针、复位杆和司筒按规定方向装入顶针面板中,按照装配关系把顶针面板和顶针底板叠放在一起,装入沉头螺钉,用内六角扳手拧紧。

(3) 顶针、复位杆和司筒等固定完成后,按照装配关系,放置动模座板、垫块、动模板,把装配好的顶针面板与顶针底板组件放置在平齐的垃圾钉上面,根据顶针、复位杆通过模板实际尺寸,磨配顶针、复位杆长度。

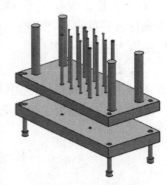

图 5-20　顶针板组件

二、注意事项

(1) 清洗顶针面板前,先用 M6 丝攻去除螺纹孔内的杂物。

(2) 用内六角扳手拧紧沉头螺钉时,用力应均匀。

(3) 磨配顶针、复位杆长度时,根据动模部分的装配关系把顶针、司筒、复位杆放置在已经装配好的垃圾钉与动模座板组件上。

■归纳总结

通过对任务3的学习,学生学习了盖板注射模各组件的装配步骤及要求,完成了浇口套与止转销钉组件,母模仁与定模板组件,公模仁与动模板组件,顶针面板与顶针底板组件,垃圾钉与动模座板组件装配,为模具总装配做好准备。

任务4 模具总装配

■任务分析

盖板注射模总装配图,如图5-1所示。在盖板注射模零件完成加工、组件装配结束后,即可进行模具总装配。即把定位环,定模座板,浇口套与止转销钉组件,母模仁与定模板组件,公模仁与动模板组件,顶针面板与顶针底板组件,垃圾钉与动模座板组件,动模座板所有零部件,按照盖板注射模各零件的装配位置关系,完成模具总装配,达到图样要求。

(1)掌握盖板注射模的装配步骤。

(2)会操作操作加工设备,进行零件的补充加工,完成盖板注射模装配。

■知识技能准备

实施任务4前,可学习相关教材、专业书、手册及本书附录,需具备一定的专业知识和操作技能:

(1)具有注射模具零件装配工艺知识。

(2)具有钳工基本操作技能。

(3)具有操作磨床等机床的知识与技能。

(4)具有操作各设备的安全知识。

■任务实施

任务4.1 定模部分装配

定模部分装配主要是完成定模座板、定位环、定模板、浇口套等的装配,如图5-21所示。

一、装配步骤

(1)将定模座板、定位环、浇口套与止转销钉组件、母模仁与定模板组件清洗干净,擦净上油。

(2)把母模仁与定模板组件放在等高垫铁上,将浇口套与止转销钉组件装入定模板中,如图5-22所示,止转销对准定模板中的止转销槽,依次放置定模座板,如图5-23所示,装入内六角螺钉,用内六角扳手拧紧,固定住定模板和定模座板。

图5-21 定模部分

（3）如图5-24所示，装入定位环，装入内六角螺钉，用内六角扳手拧紧，把定位环固定在定模座板上。

（4）检查浇口套长度，用油石研磨浇口套尾端，使浇口部分与母模仁内表面平齐。

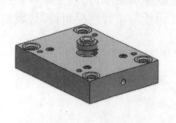
图5-22　装入浇口套

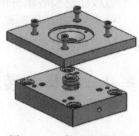
图5-23　装入定模座板

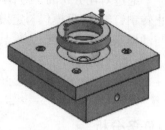
图5-24　装入定位环

二、注意事项

（1）装配前应准备好装配中需用的工具，并对定模座板、定位环、定模板、浇口套等标准零件及加工的非标准零件进行检查，合格后才能进行装配。

（2）所有零件在装配前应去除毛刺，表面涂上适量润滑油。装配时各零件应做好记号，方便今后拆装。

（3）紧固内六角螺钉时，应对角均匀拧紧。

任务4.2　动模部分装配

动模部分装配主要是完成公模仁与动模板组件、垫块、顶针面板与顶针底板组件动模座板、垃圾钉与动模座板组件等的装配，如图5-25所示。

一、装配步骤

（1）将公模仁与动模板组件，顶针面板与顶针底板组件，垃圾钉与动模座板组件清洗干净，擦净上油。

（2）把公模仁与动模板组件放在等高垫铁上，将顶针面板与顶针底板组件装入公模仁与动模板组件中，如图5-26所示，检查顶针面板和顶针底板组件在公模仁与动模座组件中活动是否顺畅。

（3）依次在两侧放置垫块、垃圾钉与动模座板组件，装入内六角螺钉，用内六角扳手拧紧，把动模部分各零件固定在一起，装入司筒顶针，装入内六角螺钉，用内六角扳手拧紧，如图5-27所示。

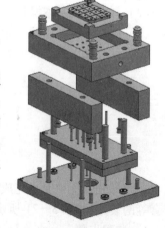
图5-25　动模部分

二、注意事项

（1）装配前应准备好装配中需用的工具，并对动模座板、垫块、动模板、顶针、司筒、复位杆等标准零件及加工的非标准零件进行检查，合格后才能进行装配。

（2）所有零件在装配前应去除毛刺，表面涂上适量润滑油。装配时各零件应做好记号，方便今后拆装。

（3）垫块安装要注意安装方向，不能装反。

（4）顶针面板与顶针底板组件装入公模仁与动模板组件后，要检查顶针面板与顶针底板组件移动是否顺畅。

（5）紧固内六角螺钉时,应对角均匀拧紧。

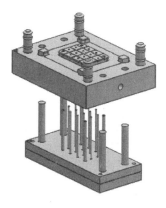

图5-26　装入顶针板组件

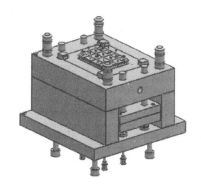

图5-27　完成动模装配

■归纳总结

通过对任务4的学习,熟悉了盖板注射模的装配步骤及要求,完成了模具总装配,可进行下一个任务——试模。

任务5　试模及调试

■任务分析

盖板注射模装配完成后,需进行试模,检查模具及工件质量是否合格,能否达到图样要求。试模所用注塑机型号为海达HDX-128。

（1）熟悉盖板注射模试模时常见问题及解决方法。

（2）会在注塑机上安装模具,操作注塑机。

■知识技能准备

实施任务5前,可学习相关教材、专业书、手册及附录:

（1）熟悉海达HDX-128注塑机操作。

（2）熟悉盖板注射模试模时常见问题及解决方法。

（3）了解模具在注塑机上的安装步骤。

（4）具有操作注塑机设备的安全知识。

■任务实施

一、盖板注射模试模

（1）选用型号为海达HDX-128注塑机。

（2）把盖板注射模安装在注塑机上,安装模具后,应先空运行几次,模具安装稳妥后,仔细检查、调整模具,检查顶针、限位开关等动作是否正常,注意模具合模开模,在手动和低速状态下查看是否有不顺畅的动作和异声等。

（3）开、合模动作反复几次正常后,查看、调整顶出机构符合要求。

（4）设定注射参数,进行试射。

二、盖板注射模的调试

盖板注射模试模安装好以后,即可进行注射,检查工件质量,出现问题,可按表5-2进行调试。

表5-2 注射模试模时常见问题及解决方法

常见问题	产生原因	解决方法
主浇道粘模	（1）浇道斜度不对	（1）改进浇道斜度
	（2）拉料杆失灵	（2）跟换拉料杆
	（3）冷却时间短	（2）加长冷却时间
	（4）浇道表面粗糙有划痕	（3）抛光主浇道
	（5）喷嘴与浇口套不吻合或有夹料	（4）使喷嘴与浇口套吻合
	（6）装配时主浇道有错位	（5）重新调整定模部分,使主浇道中心线基本重合
塑料填充不足	（1）注射量不够	（1）加大注射量
	（2）塑化能力不足	（2）增加塑化能力
	（3）喷嘴及料箱温度太低或喷嘴孔径太小	（3）提高喷嘴及料箱温度或更换新的喷嘴
	（4）注射压力小,注射时间短,保压时间短,螺杆和柱塞退回过早	（4）提高注塑机注射压力和延长注射和保压时间
	（5）模具温度低,塑料冷却快	（5）提高模具温度
	（6）注塑机喷嘴堵塞	（6）疏通喷嘴
	（7）模具浇注系统流动阻力大,浇口位置不当或截面太小	（7）修整浇注系统,加大截面尺寸,变换浇口位置
	（8）排气不当	（8）擦净油污,使模具能有效排气
塑件溢边	（1）分型面接触不严密,有间隙,型腔和型芯接触部分间隙过大	（1）调整模具,使分型面接触严密,减少型腔和型芯接触部分间隙
	（2）模具各承接面平面度、平行度差	（2）重修模具,确保各承接面间的平面度、平行度要求
	（3）注射压力大,锁模力不足	（3）减少注射压力,增加锁模力
	（4）料温、模温高,注射速度快	（4）重新调整注射速度,减低模温、料温
	（5）加料量大	（5）减少加料量
熔接痕	（1）料温低,模具温度也低	（1）提高料温、模温
	（2）注射速度慢,注射压力小	（2）加快注射速度,加大注射压力
	（3）模具排气不良	（3）使模具能顺利排气
	（4）模具型腔内有润滑油	（4）清除模具内润滑油
	（5）分浇道、浇口截面尺寸小	（5）增大分浇道、浇口截面尺寸
	（6）浇口位置不合理	（6）调整浇口位置

常见问题	产 生 原 因	解 决 方 法
塑件表面出现波纹	（1）料温低、模温、喷嘴温度也低	（1）提高模温、料温及喷嘴温度
	（2）注射压力小，注射速度慢	（2）提高注射压力、加快注射速度
	（3）供料不足	（3）加大供料量
	（4）浇口尺寸小、表面粗糙	（4）修改浇道、抛光浇道表面
	（5）浇口尺寸太小及形状、位置不对	（5）修改浇口尺寸大小及形状、位置，使其合理
塑件出现气泡	（1）塑料未干燥处理	（1）塑件应干燥处理
	（2）浇口尺寸太小	（2）加大浇口尺寸
	（3）料温高、注射压力小、注射保压时间短	（3）降低料温、增大注射压力及注射保压时间
塑件翘曲和变形	（1）冷却时间不够、模温高、出模太早	（1）增加冷却时间、降低模具温度、控制出模时间
	（2）塑料塑化不均匀，供料不足	（2）应定量供料
	（3）浇口位置不合理，尺寸小；料温、模温低，注射压力小，注射速度快，保压补缩不足，冷却不均，收缩不均	（3）加大浇口尺寸或改变其位置，合理安排注射工艺规程
塑件表面不光泽、有伤痕	（1）型腔表面不光洁、粗糙	（1）抛光型腔表面
	（2）型腔内有杂质、水或油污	（2）注射前要清理型腔
	（3）塑料含水分及挥发物	（3）烘干塑料
	（4）料温、模温低，注射速度慢	（4）改善工艺条件
	（5）模具排气不良，使熔料中有充气	（5）改善模具排气
	（6）注射速度过快，浇口小使熔料气化，呈乳白色薄层	（6）降低注射速度，加大浇口尺寸
	（7）供料不足、塑化不良	（7）合理定量供料
	（8）脱模斜度小	（8）加大脱模斜度

三、注意事项

（1）模具安装到注塑机上后要牢固可靠。

（2）应遵守安全操作规程，确保操作安全。

（3）合模后，各承载面（分型面）之间不得有间隙。

（4）开模后顶出系统应保证顺利脱模，以便取出塑件及浇注系统废料。

■归纳总结

通过对任务 5 的学习，完成了盖板注射模的试模及调试。至此，已完整地学习了盖板注射模的制造。

6 项目六 机壳注射模制作

学习目标

(1) 学习、巩固模具专业理论知识。
(2) 掌握机壳注射模零件的加工工艺、加工方法。
(3) 掌握机壳注射模的装配及调试方法。
(4) 进一步熟悉机械加工设备、模具加工专用设备,巩固、提高操作技能。
(5) 熟悉注射模具的制造过程。

模具材料准备

机壳注射模模具材料见表6-1。

表6-1　机壳注射模模具材料

序号	名　　称	材料	规　　格	数量	备　　注
1	定模座板	45钢	200×200×20	1	
2	定模板	45钢	150×200×50	1	
3	母模仁	45钢	92×132×26	1	
4	公模仁	45钢	92×132×26	1	
5	动模板	45钢	150×200×40	1	
6	垫块	45钢	200×28×60	2	
7	顶针面板	45钢	200×90×13	1	
8	顶针底板	45钢	200×90×15	1	
9	动模座板	45钢	200×200×20	1	
10	母模仁镶件	45钢	$\phi15\times500$ 棒料	8	
11	定位环	45钢	$\phi105\times80$ 棒料	1	
12	浇口套	45钢	SBA　$\phi3\times4°$	1	
13	顶针		$\phi4\times85$	4	GB/T 4169.1—2006
14	复位杆		$\phi12\times80$	4	GB/T 4169.13—2006
15	拉料杆		$\phi6\times80$	1	
16	垃圾钉		D16×8	4	
17	水嘴		G1/8″接头	8	
18	内六角螺钉		M5×20	2	GB/T 70.1—2000
19	内六角螺钉		M6×15	2	GB/T 70.1—2000
20	内六角螺钉		M6×20	4	GB/T 70.1—2000
21	内六角螺钉		M8×25	8	GB/T 70.1—2000
22	内六角螺钉		M8×30	4	GB/T 70.1—2000
23	内六角螺钉		M10×25	4	GB/T 70.1—2000
24	内六角螺钉		M10×90	4	GB/T 70.1—2000
25	弹簧		$\phi27\times13.5\times55$	4	GB/T 2088—2009

机壳注射模制作评分标准,详见附录一模具制作实训评分表。

任务1 机壳注射模制作准备

■任务分析

图6-1为机壳注射模。该模具注射成型的塑件为机壳,材料是 ABS。图6-2为工件图样,通过阅读机壳注射模具图样,要求学生能分析机壳注射模具的结构,了解工件的注射过程,了解模具的制造过程。

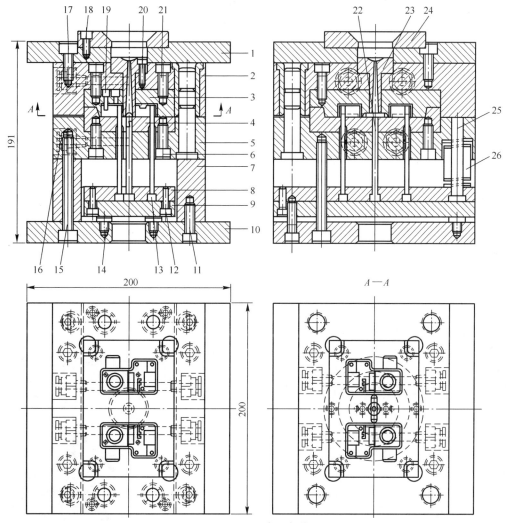

图6-1 机壳注射模

1—定模座板;2—定模板;3—母模仁;4—公模仁;5—动模板;6—内六角螺钉;7—垫块;8—顶针面板;9—顶针底板;10—动模座板;11—内六角螺钉;12—内八角螺钉;13—顶针;14—垃圾钉;15—内六角螺钉;16—水嘴;17—内六角螺钉;18—内六角螺钉;19—母模仁镶件;20—内六角螺钉;21—内六角螺钉;22—拉料杆;23—浇口套;24—定位环;25—复位杆;26—弹簧。

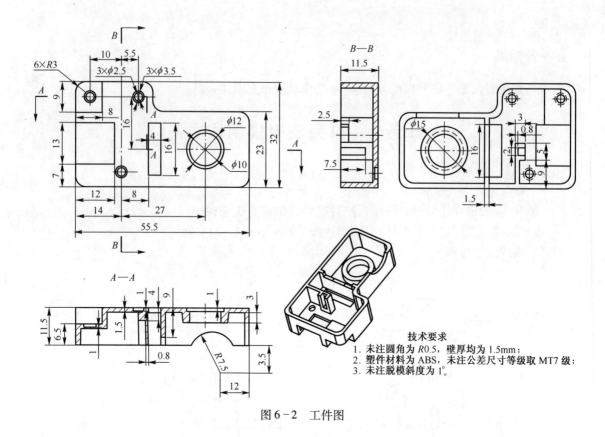

技术要求
1. 未注圆角为 R0.5, 壁厚均为 1.5mm;
2. 塑件材料为 ABS, 未注公差尺寸等级取 MT7 级;
3. 未注脱模斜度为 1°。

图 6-2　工件图

■知识技能准备

　　须具有塑料模具的专业理论知识和模具零件加工等相关知识与技能,可参阅相关教材、专业书及手册。

■任务实施

一、机壳注射模结构

　　机壳注射模具结构见图 6-3,模具由定模部分、动模部分组成。注射成型时,料流从主浇道、分流道进入型腔,充填满后冷却成型。开模时,成型塑件由顶针顶出。该模具采用一模二件的结构。

　　定模部分主要由定模座板 1、定模板 2、母模仁 3 组成,定位环 24 由内六角螺钉 18(2 支)固定在定模座板 1 上,浇口套 23 由内六角螺钉 20(2 支)固定在定模板 2 上,定模座板 1 和定模板 2 由内六角螺钉 17(4 支)固定,母模仁 3 由内六角螺钉 21(4 支)固定在定模板 2 内,母模仁镶件 19 安装在母模仁 3 中,以台阶方式固定。

　　动模部分由公模仁 4、动模板 5、垫块 7、动模座板 10、顶针面板 8、顶针底板 9 组成,动模座板 10 和垫块 7 由内六角螺钉

图 6-3　模具结构图

11(4 支)固定,动模板 5、垫块 7、动模座板 10 由内六角螺钉 15(4 支)固定,顶针 13(4 根)、复位杆 25(4 支)、拉料杆 22(1 支)安装在顶针面板 8 和顶针底板 9 上面,由内六角螺钉 12(4 支)固定,垃圾钉 14(4 支)固定在动模座板 10 上面,公模仁 4 安装在动模板 5 的凹槽内,由内六角螺钉 6(4 支)固定。

二、机壳注射模制作过程

机壳注射模的制作过程,可参考图 5-4 所示的盖板注射模的制作过程。

■**归纳总结**

通过对任务 1 的学习,学生能熟悉机壳注射模具结构,了解其制造过程,为模具零件加工及模具装配做好准备。

任务 2　模具零件加工

■**任务分析**

机壳注射模采用大水口 CI 型 2020 标准模架,需要加工的零件有定模座板、定模板、动模板、母模仁、公模仁、垫块、顶针面板、顶针底板、动模座板、定位环、浇口套、顶针、复位杆等,按照机壳注射模各零件的加工工艺,完成各零件的制作,达到图样要求。

(1) 熟悉、掌握机壳注射模各零件的加工工艺。

(2) 会操作磨床、数控铣床、车床、线切割机床、电火花成型机床等加工设备,完成机壳注射模各零件的制作。

■**知识技能准备**

实施任务 2 前,可学习相关教材、专业书、手册,完成必要的基础技能训练,需具备一定的专业知识和操作技能:

(1) 具有注射模具零件加工的工艺知识。

(2) 具有钳工基本操作技能。

(3) 具有数控铣床、线切割机床、电火花成型机床编程知识与操作技能。

(4) 具有操作磨床、车床、数控铣床、线切割机床、电火花成型机床等的知识与技能。

(5) 具有一定的热处理知识。

(6) 具有操作各设备的安全知识。

■**任务实施**

任务 2.1　定位环加工

一、定位环加工工艺

定位环如图 6-4 所示,材料为 45 钢,加工工艺如下:

（1）备料:ϕ105mm×80mm 棒料。

（2）车:车成型。保证各尺寸符合要求,倒角。

（3）钳:划 2×ϕ6.5mm 钻孔位置线,钻、扩 2×ϕ6.5mm 台阶孔,倒角。

（4）检验。

二、注意事项

（1）钳工划线应正确,钻孔位置要正确。

（2）操作车床、台式钻床应遵守操作规程。

（3）注意安全操作。

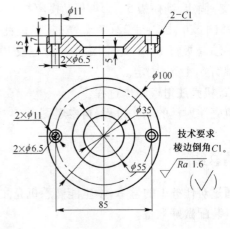

图 6-4　定位环

任务2.2　浇口套加工

一、浇口套加工工艺

浇口套如图 6-5 所示,材料为 45 钢,加工工艺如下:

（1）备料:浇口套为采购的标准件。

（2）钳:划 2×ϕ5.5mm 台阶孔中心线,钻、扩 2×ϕ5.5mm 台阶孔,倒角。

（3）磨:根据模板实际尺寸,磨配浇口套的长度。

（4）检验。

二、注意事项

（1）钳工划线应正确,钻孔位置要正确。

（2）操作磨床、台式钻床应遵守操作规程。

（3）浇口套的长度,应根据模板实际测量的厚度尺寸配磨。

（4）注意安全操作。

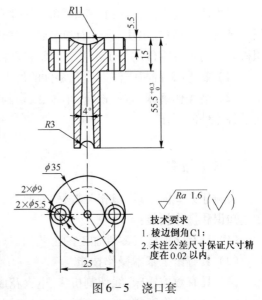

图 6-5　浇口套

任务2.3　定模座板加工

一、定模座板加工工艺

定模座板如图 6-6 所示,材料为 45 钢,加工工艺如下。

（1）备料:定模座板为采购的标准件。

（2）磨:磨上、下两面,保证尺寸 200mm×200mm×20mm。

（3）数控铣:钻、扩 4×ϕ11mm 台阶孔,铣 ϕ100mm 定位环定位孔,钻 2×M6 螺纹孔底孔。

（4）钳:攻 2×M6 螺纹。

（5）检验。

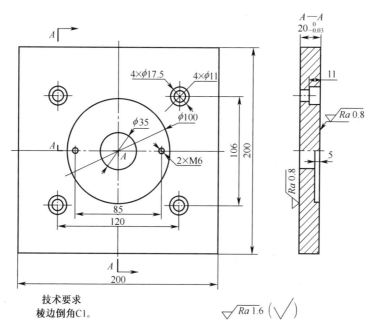

图 6-6 定模座板

二、注意事项

（1）数控铣床加工时应选择合适的切削参数和刀具。

（2）数控铣床加工前应检查工件装夹方向与编程方向是否一致。

（3）操作平面磨床、数控铣床时要遵守机床操作规程。

（4）攻 2×M6 螺纹时要确保丝攻与工件平面垂直。

（5）注意安全操作。

任务2.4　定模板加工

一、定模板加工工艺

定模板如图 6-7 所示,材料为 45 钢,加工工艺如下。

（1）备料:定模板为采购的标准件。

（2）磨:磨上、下两面,保证尺寸 200mm×150mm×50mm。

（3）数控铣:钻、铣浇口套台阶孔,铣母模仁安装槽,钻 4×M10 螺纹孔底孔,钻、扩 4×φ8.5mm 台阶孔,钻 2×M5 螺纹孔底孔,钻、扩侧面 4×φ25mm 台阶孔。

（4）钳:攻 4×M10 螺纹,攻 2×M5 螺纹,钻 φ8mm 水路孔,攻 4×G1/8″管螺纹。

（5）检验。

二、注意事项

（1）数控铣床加工时应选择合适的切削参数和刀具。

（2）数控铣床加工前应检查工件装夹方向与编程方向是否一致。

（3）操作平面磨床、数控铣床时要遵守机床操作规程。

（4）攻 4×M10、2×M5 螺纹时要确保丝攻与工件平面垂直。

（5）注意安全操作。

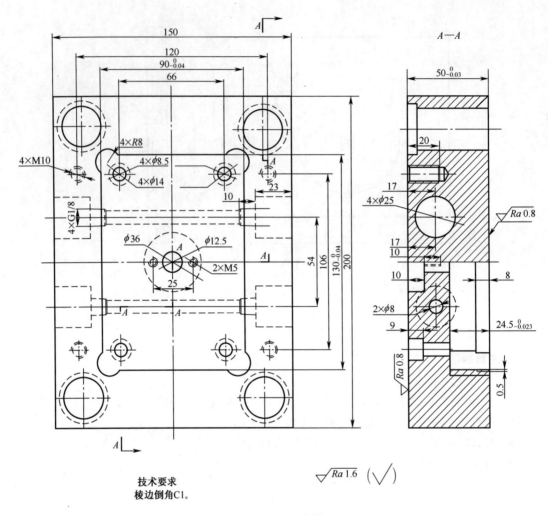

技术要求
棱边倒角C1。

$\sqrt{Ra\,1.6}$ ($\sqrt{}$)

图6-7　定模板

任务2.5　母模仁加工

一、母模仁加工工艺

母模仁如图6-8所示,材料为45钢,加工工艺如下。

（1）备料:132mm×92mm×26mm。

（2）铣:铣六方体保证尺寸为130.3mm×90.3mm×25.3mm,对角尺。

（3）磨:磨六面,保证尺寸130mm×90mm×25mm,对角尺。

（4）数控铣:铣母模仁成型面(成型面外形以软件分模为准),钻4×M8螺纹孔底孔,钻、铰浇口套通孔 ϕ12mm,铣6× ϕ8.5mm台阶孔,铣2× ϕ19.5mm台阶孔并钻穿丝孔2× ϕ4mm,铣分浇道及浇口,加工电极,电极外形以软件分模外形为准。

（5）电火花:电火花穿孔机上打6× ϕ2mm镶件穿丝孔,用电极电火花加工母模仁上难成形部分。

（6）线切割:线切割6× ϕ3.5mm镶件过孔,单边割大0.015mm,线切割2× ϕ12mm镶件过

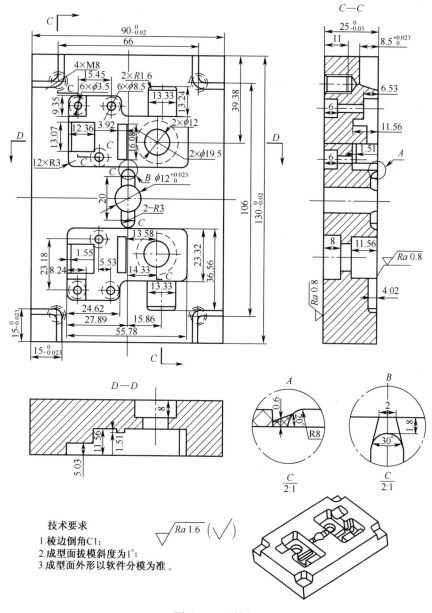

图 6-8 母模仁

孔,单边割大 0.015mm。

　　(7) 钳:研磨成型面,攻 4×M8 螺纹。

　　(8) 检验。

二、注意事项

　　(1) 数控铣床加工时应选择合适的切削参数和刀具。

　　(2) 数控铣床加工前应检查工件装夹方向与编程方向是否一致。

　　(3) 操作平面磨床、线切割机床、数控铣床时要遵守机床操作规程。

　　(4) 攻 4×M8 螺纹时要确保丝攻与工件平面垂直。

　　(5) 注意安全操作。

任务 2.6   母模仁镶件一的加工

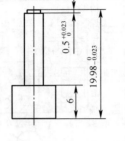

一、母模仁镶件一的加工工艺

母模仁镶件一如图 6-9 所示,材料为 45 钢,加工工艺如下。

(1) 备料:ϕ10mm×200mm。

(2) 车:车成型,倒角。

(3) 检验。

二、注意事项

(1) 操作车床要遵守机床操作规程。

(2) 注意安全操作。

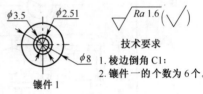

技术要求

1. 棱边倒角 C1;
2. 镶件一的个数为 6 个。

图 6-9   母模仁镶件一

任务 2.7   母模仁镶件二的加工

一、母模仁镶件二的加工工艺

母模仁镶件二如图 6-10 所示,材料为 45 钢,加工工艺如下。

(1) 备料:ϕ22mm×200mm。

(2) 车:车成型,倒角。

(3) 检验。

二、注意事项

(1) 操作车床要遵守机床操作规程。

(2) 注意安全操作。

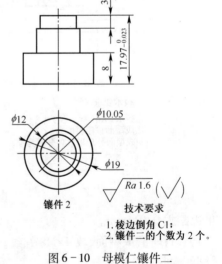

技术要求

1. 棱边倒角 C1;
2. 镶件二的个数为 2 个。

图 6-10   母模仁镶件二

任务 2.8   公模仁加工

一、公模仁加工工艺

公模仁如图 6-11 所示,材料为 45 钢,加工工艺如下。

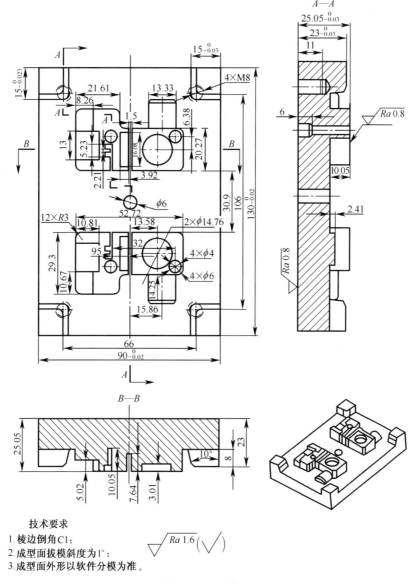

图 6-11 公模仁

（1）备料：132mm×92mm×26mm。

（2）铣：铣六方体保证尺寸为 130.3mm×90.3mm×25.3mm。

（3）磨：磨六两面，保证尺寸 130mm×90mm×25.05mm，对角尺。

（4）数控铣：铣公模仁成型面（成型面外形以软件分模为准），钻 4×M8 螺纹孔底孔，钻顶针、拉料杆穿丝孔，加工电极，电极外形以软件分模外形为准。

（5）线切割：线切割顶针、拉料杆外形孔，单边割大 0.015mm。

（6）电火花：用电极电火花加工公模仁上难成型部分。

（7）钳：研磨成型面，攻 4×M8 螺纹。

（8）检验。

二、注意事项

（1）数控铣床加工时应选择合适的切削参数和刀具。

（2）数控铣床加工前应检查工件装夹方向与编程方向是否一致。

（3）操作平面磨床、数控铣床、线切割机床、电火花成型机床时要遵守机床操作规程。

（4）攻 4×M8 螺纹时要确保丝攻与工件平面垂直。

（5）注意安全操作。

任务 2.9 动模板加工

一、动模板加工工艺

动模板如图 6-12 所示，材料为 45 钢，加工工艺如下。

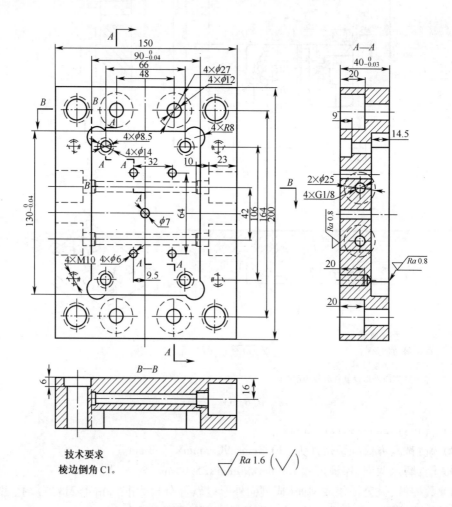

图 6-12 动模板

（1）备料：动模板为采购的标准件。

（2）磨：磨上、下两面，保证尺寸 200mm×150mm×40mm。

（3）数控铣：铣公模仁安装槽，钻、扩 4×φ8.5mm 台阶孔，钻 4×φ6 顶针通孔，钻 4×M8 螺纹孔底孔，钻、扩弹簧放置孔 4×φ27mm，钻复位杆穿丝孔，钻、扩侧面 4×φ25mm 台阶孔。

（4）线切割：线切割复位杆通孔，单边割大 0.015mm。

（5）钳：攻 4×M8 螺纹，钻 ϕ8mm 水路孔，攻 4×G1/8″管螺纹。

（6）检验。

二、注意事项

（1）数控铣床加工时应选择合适的切削参数和刀具。

（2）数控铣床加工前应检查工件装夹方向与编程方向是否一致。

（3）操作平面磨床、数控铣床、线切割机床时要遵守机床操作规程。

（4）攻 4×M8 螺纹时要确保丝攻与工件平面垂直。

（5）磨上、下面时，需拆装导柱注意安全操作。

任务 2.10　垫 块 加 工

一、垫块加工工艺

垫块如图 6 - 13 所示，材料为 45 钢，加工工艺如下。

（1）备料：垫块为采购的标准件。

（2）磨：磨上、下两面，保证尺寸 200mm × 28mm×60mm。

（3）数控铣：钻 4×M8 螺纹孔底孔，钻 4×ϕ11mm 通孔。

（4）钳：攻 4×M8 螺纹。

（5）检验。

二、注意事项

（1）数控铣床加工时应选择合适的切削参数和刀具。

（2）数控铣床加工前应检查工件装夹方向与编程方向是否一致。

（3）操作平面磨床、数控铣床时要遵守机床操作规程。

（4）攻 4×M8 螺纹时要确保丝攻与工件平面垂直。

（5）注意安全操作。

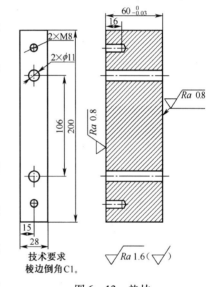

图 6 - 13　垫块

任务 2.11　动模座板加工

一、动模座板加工工艺

动模座板如图 6 - 14 所示，材料为 45 钢，加工工艺如下。

（1）备料：动模座板为采购的标准件。

（2）磨：磨上、下两面，保证尺寸 200mm×200mm×20mm。

（3）数控铣：钻、镗 ϕ35mm 通孔，钻、扩 4×ϕ9mm 台阶孔，钻、扩 4×ϕ11mm 台阶孔，钻 4×M6 螺纹底孔。

（4）钳：攻 4×M6 螺纹。

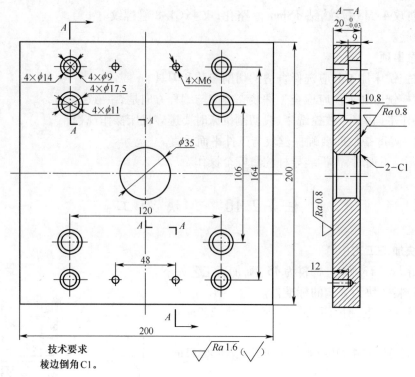

图 6-14 动模座板

（5）检验。

二、注意事项

（1）数控铣床加工时应选择合适的切削参数和刀具。

（2）数控铣床加工前应检查工件装夹方向与编程方向是否一致。

（3）操作平面磨床、数控铣床时要遵守机床操作规程。

（4）攻 4×M6 螺纹时要确保丝攻与工件平面垂直。

（5）注意安全操作。

任务 2.12 顶针面板加工

一、顶针面板加工工艺

顶针面板如图 6-15 所示，材料为 45 钢，加工工艺如下。

（1）备料：顶针面板为采购的标准件。

（2）磨：磨上、下两面，保证尺寸 200mm×90mm×13mm。

（3）数控铣：钻、扩 4×φ12mm 台阶孔，钻、扩 4×φ5mm 台阶孔，钻、扩 φ7mm 台阶孔，钻 4×M6 螺纹底孔。

（4）钳：攻 4×M6 螺纹。

（5）检验。

二、注意事项

（1）数控铣床加工时应选择合适的切削参数和刀具。

（2）数控铣床加工前应检查工件装夹方向与编程方向是否一致。

（3）操作平面磨床、数控铣床时要遵守机床操作规程。

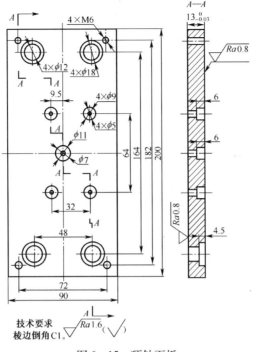

图 6－15 顶针面板

（4）攻 4×M6 螺纹时要确保丝攻与工件平面垂直。

（5）注意安全操作。

任务 2.13 顶针底板加工

一、顶针底板加工工艺

顶针底板如图 6－16 所示，材料为 45 钢，加工工艺如下。

（1）备料：顶针底板为采购的标准件。

（2）磨：磨上、下两面，保证尺寸 200mm×90mm×15mm。

（3）铣：钻、扩 4×ϕ6.5mm 台阶孔。

（4）检验。

二、注意事项

（1）铣床加工时应选择合理的切削参数和刀具。

（2）操作平面磨床、铣床时要遵守机床操作规程。

（3）注意安全操作。

■ 归纳总结

通过对任务 2 的学习，学生熟悉了机壳注

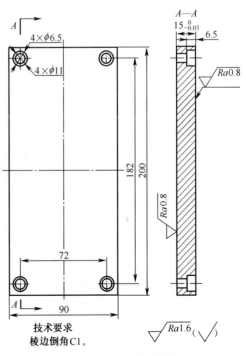

图 6－16 顶针底板

射模各零件的结构及其制造过程,完成了零件加工,为模具装配做好准备。

任务3 模具组件装配

■任务分析

机壳注射模的组件有母模仁与定模板组件,浇口套与定模板组件,公模仁与动模板组件,垃圾钉、垫块与动模座板组件,顶针面板与顶针底板组件等,要求按照装配工艺,完成各组件的装配。

(1)熟悉机壳注射模各组件的装配要求。

(2)掌握机壳注射模各组件装配。

■知识技能准备

实施任务3前,可学习相关教材、专业书、手册及本书附录,需具备一定的钳工专业知识和操作技能:

(1)了解机壳注射模各组件的装配要求。

(2)具有钳工基本操作技能及钳工装配知识和技能。

(3)具有操作磨床、钳工设备的知识与技能。

(4)具有操作使用设备的安全知识。

■任务实施

任务3.1 母模仁与定模板装配

母模仁与定模板组件是由母模仁、定模板、母模仁镶件组成的,需把母模仁装入定模板中。

一、装配步骤

(1)将母模仁、定模板、母模仁镶件清洗干净,擦净上油。

(2)把母模仁放在等高垫铁上,装入母模仁镶件,如图6-17所示,检查镶件与母模仁背面是否平齐,如不平齐,用油石研磨至平齐。

(3)把母模仁、母模仁镶件组件放在等高垫铁上,将定模板套在母模仁上,(用铜棒轻轻敲击),把母模仁、母模仁镶件组件和定模板组件翻转,如图6-18所示,装入沉头螺钉,用内六角扳手拧紧。

图6-17 装入母模仁镶件

图6-18 装入定模板

二、注意事项

(1) 清洗母模仁前,先用 M8 丝攻去除螺纹孔内的杂物。

(2) 母模仁镶件装入后要检查背面与母模仁是否平齐。

(3) 用内六角扳手拧紧沉头螺钉时,用力应均匀。

任务 3.2 浇口套与定模板装配

浇口套与定模板组件是由浇口套和定模板组成,如图 6-19 所示,需把浇口套装入定模板中。

一、装配步骤

(1) 去除浇口套孔边缘毛刺,擦净上油。

(2) 将浇口套装入定模板中(用铜棒轻轻敲击),检查浇口套装入后与定模板组件中母模仁是否平齐,装入沉头螺钉,用内六角扳手拧紧,如不平齐,用油石研磨直至浇口套与母模仁平齐。

图 6-19 浇口套与定模板组件

二、注意事项

(1) 浇口套为标准件采购,浇口套总长度根据通过定模板零件的实际测量尺寸配磨。

(2) 浇口套装入后要检查其与母模仁是否平齐。

任务 3.3 公模仁与动模板装配

公模仁与动模板组件是由公模仁和动模板组成,如图 6-20 所示,需把公模仁装入动模板中。

一、装配步骤

(1) 将公模仁和动模板清洗干净,擦净上油。

(2) 把动模板放在等高垫铁上,将公模仁装入动模板中(用铜棒轻轻敲击),把公模仁和动模板组件翻转,装入沉头螺钉,用内六角扳手拧紧。

二、注意事项

(1) 清洗公模仁前,先用 M8 丝攻去除螺纹孔内的杂物。

(2) 用内六角扳手拧紧沉头螺钉时,用力应均匀。

图 6-20 公模仁与动模板组件

任务 3.4 垃圾钉、垫块与动模座板装配

垃圾钉、垫块与动模座板组件是由垃圾钉和动模座板组成,如图 6-21 所示,需把垃圾钉、垫块安装在动模座板上。

一、装配步骤

(1) 将垃圾钉、垫块与动模座板清洗干净,擦净上油。

(2) 把动模座板放在等高垫铁上,将垃圾钉按规定方向装在动模座板上,装入沉头螺钉,用内六角扳手拧紧,把垃圾钉固定在动模座板上。

（3）在安装好的动模座上放置垫块，装入沉头螺钉，用内六角扳手拧紧，把垫块固定到动模板上。

（4）垃圾钉安装完成后，检查各垃圾钉之间的高度是否平齐，如高度不平，在磨床上把高度磨平。

二、注意事项

（1）清洗垃圾钉、垫块与动模座板前，先用 M8 丝攻去除螺纹孔内的杂物。

（2）垫块安装要注意安装方向，不能装反。

（3）用内六角扳手拧紧沉头螺钉时，用力应均匀。

图 6-21　动模座板组件

任务3.5　顶针面板与顶针底板装配

顶针面板与顶针底板组件是由顶针、复位杆、顶针面板和顶针底板组成，如图 6-22 所示，需把顶针、复位杆固定在顶针面板和顶针底板组件中。

一、装配步骤

（1）将顶针、复位杆、顶针面板、顶针底板清洗干净，擦净上油。

（2）把顶针面板放在等高垫铁上，将顶针和复位杆按规定方向装入顶针面板中，按照装配关系，把顶针面板和顶针底板叠放在一起，装入沉头螺钉，用内六角扳手拧紧。

（3）顶针、复位杆固定以后，按照装配关系，放置动模座板、垫块、动模板，把装配好的顶针面板与顶针底板组件放置在平齐的垃圾钉上面，根据顶针、复位杆通过模板实际尺寸，磨配顶针、复位杆长度。

图 6-22　顶针板组件

二、注意事项

（1）清洗顶针面板前，先用 M6 丝攻去除螺纹孔内的杂物。

（2）用内六角扳手拧紧沉头螺钉时，用力应均匀。

（3）磨配顶针、复位杆长度时，根据动模部分的装配关系把顶针放置在已经装配好的垃圾钉与动模座板组件上。

▌归纳总结

通过对任务 3 的学习，学生学习了机壳注射模各组件的装配步骤及要求，完成了母模仁与定模板组件，浇口套与定模板组件，公模仁与动模板组件，垃圾钉、垫块与动模座板组件，顶针面板与顶针底板组件装配，为模具总装配做好准备。

任务4　模具总装配

▌任务分析

机壳注射模总装配图，如图 6-1 所示。在机壳注射模零件完成加工、组件装配结束之后,即可进行模具总装配。即把定位环、定模座板、母模仁与定模板组件、浇口套与定模板组件、公模仁与动模板组件、垃圾钉、垫块与动模座板组件、顶针面板与顶针底板组件、动模座板、顶针等所有零部件,按照机壳注射模各零件的装配位置关系,完成模具总装配,达到图样要求。

（1）掌握机壳注射模的装配步骤。

（2）会操作加工设备,进行零件的补充加工,完成机壳注射模装配。

■知识技能准备

实施任务 4 前,可学习相关教材、专业书、手册及本书附录,需具备一定的专业知识和操作技能：

（1）具有注射模具零件装配工艺知识。

（2）具有钳工基本操作技能。

（3）具有操作磨床等机床的知识与技能。

（4）具有操作各设备的安全知识。

■任务实施

任务 4.1　定模部分装配

定模部分装配主要是完成定模座板、定位环、母模仁与定模板组件、浇口套与定模板组件等的装配,如图 6－23 所示。

一、装配步骤

（1）将定模座板、定位环、母模仁与定模板组件、浇口套与定模板组件清洗干净,擦净上油。

（2）把母模仁与定模板组件放在等高垫铁上,放上定模座板,如图 6－24 所示,装入内六角螺钉,用内六角扳手拧紧,把母模仁与定模板组件固定在定模座板上。

（3）装入定位环,装入内六角螺钉,用内六角扳手拧紧,把定位环固定在定模座板上,如图 6－25 所示。

（4）检查浇口套长度,用油石研磨浇口套,使浇口部分与母模仁内表面平齐。

（5）拧入水嘴,用扳手拧紧。

二、注意事项

（1）装配前应准备好装配中需用的工具,并对定模座板、定位环、定模板、浇口套等标准零件及加工的非标准零件进行检查,合格后才能进行装配。

（2）所有零件在装配前应去除毛刺,表面涂上适量润滑油。装配时各零件应做好记号,方便今后拆装。

（3）紧固内六角螺钉时,应对角均匀拧紧。

（4）装入水嘴后要确保不漏水。

图 6 - 23 定模部分装配

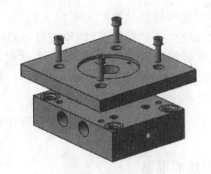

图 6 - 24 装入定模座板

图 6 - 25 装入定位环

任务4.2 动模部分装配

动模部分装配主要是完成公模仁与动模板组件,垃圾钉、垫块与动模座板组件,顶针面板与顶针底板组件等的装配,如图 6 - 26 所示。

一、装配步骤

(1) 将公模仁与动模板组件,垃圾钉、垫块与动模座板组件,顶针面板与顶针底板组件清洗干净,擦净上油。

(2) 把公模仁与动模板组件放在等高垫铁上,将顶针面板与顶针底板组件装入公模仁与动模板组件中,在复位杆上套上弹簧,如图 6 - 27 所示,检查顶针面板和顶针底板组件在公模仁与动模板组件中活动是否顺畅。

(3) 拧入水嘴,用扳手拧紧。

(4) 依次在两侧放置垫块、垃圾钉与动模座板组件,装入内六角螺钉,用内六角扳手拧紧,如图 6 - 28 所示。

二、注意事项

(1) 装配前应准备好装配中需用的工具,并对动模座板、垫块、动模板、顶针、复位杆等标准零件及加工的非标准零件进行检查,合格后才能进行装配。

(2) 所有零件在装配前应去除毛刺,表面涂上适量润滑油。装配时各零件应做好记号,方便今后拆装。

(3) 顶针面板与顶针底板组件装入公模仁与动模板组件后,要检查顶针面板与顶针底板组件移动是否顺畅。

(4) 紧固内六角螺钉时,应对角均匀拧紧。

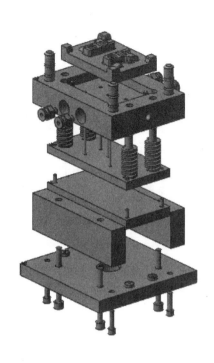

图 6-27 装上顶针板组件

图 6-26 动模部分装配　　　　　图 6-28 完成动模装配

（5）装入水嘴后要确保不漏水。

■归纳总结

通过对任务 4 的学习,学习了机壳注射模的装配步骤及要求,完成了模具总装配,可进行下一个任务——试模。

任务 5　试模及调试

■任务分析

机壳注射模装配完成后,需进行试模,检查模具及工件质量是否合格,能不能达到图样要求。试模所用注射机型号为海达 HDX-128。

（1）熟悉机壳注射模试模时常见问题及解决方法。

（2）会在注射机上安装模具,操作注射机。

■知识技能准备

实施任务 5 前,可学习相关教材、专业书、手册及附录:

（1）熟悉海达 HDX-128 注塑机操作。

（2）熟悉机壳注射模试模时常见问题及解决方法。

（3）了解模具在注射机上安装步骤。

（4）具有操作注射机设备的安全知识。

■任务实施

一、机壳注射模试模

（1）选用型号为海达 HDX - 128 注塑机。

（2）把盖板注射模安装在注塑机上，安装模具后，应先空运行几次，模具安装稳妥后，仔细检查、调整模具，检查顶针、限位开关等动作是否正常，注意模具合模开模，在手动和低速状态下查看是否有不顺畅的动作和异声等。

（3）开、合模动作反复几次正常后，查看、调整顶出机构符合要求。

（4）设定注射参数，进行试射。

二、机壳注射模的调试

机壳注射模试模安装好后，即可进行注射，检查工件质量，出现问题，可按表 5 - 2 进行调试。

三、注意事项

（1）模具安装到注塑机上后要牢固可靠。

（2）应遵守安全操作规程，确保操作安全。

（3）合模后，各承载面（分型面）之间不得有间隙。

（4）开模后顶出系统应保证顺利脱模，以便取出塑件及浇注系统废料。

■归纳总结

通过对任务 5 的学习，完成了机壳注射模具的试模及调试。至此，已完整地学习了机壳注射模具的制造。

7 项目七 瓶盖注射模制作

学习目标

（1）学习、巩固模具专业理论知识。

（2）掌握瓶盖注射模零件的加工工艺、加工方法。

（3）掌握瓶盖注射模的装配及调试方法。

（4）进一步熟悉机械加工设备、模具加工专用设备，巩固、提高操作技能。

（5）熟悉注射模具的制造过程。

模具材料准备

瓶盖注射模模具材料见表 7-1。

表 7-1　瓶盖注射模模具材料

序号	名　称	材料	规　格	数量	备　注
1	定模座板	45 钢	300×350×35	1	
2	脱料板	45 钢	250×350×25	1	
3	定模扳	45 钢	250×350×80	1	
4	母模仁	45 钢	223×173×52	1	
5	公模仁	45 钢	223×173×50	1	
6	动模板	45 钢	250×350×50	1	
7	垫块	45 钢	150×48×80	2	
8	顶针面板	45 钢	150×350×20	1	
9	顶针底板	45 钢	150×350×15	1	
10	动模座板	45 钢	300×350×25	1	
11	浇口套	45 钢	φ135×150	4	
12	小拉杆		M8×15 行程 26	4	
13	小拉杆		M8×15 行程 60	4	
14	顶针		φ3×125	12	GB/T 4169.1—2006
15	复位杆		φ20×110	4	GB/T 4169.13—2006
16	拉料杆		φ6×44	4	
17	垃圾钉		D16×8	6	
18	止水栓		φ10	8	
19	水嘴		G1/8″接头	8	
20	尼龙塞		φ16	4	
21	内六角螺钉		M8×30	4	GB/T 70.1—2000
22	内六角螺钉		M8×25	6	GB/T 70.1—2000
23	内六角螺钉		M8×35	8	GB/T 70.1—2000
24	内六角螺钉		M8×40	2	GB/T 70.1—2000
25	平头螺钉		M12	4	GB/T 70.1—2000
26	内六角螺钉		M14×115	6	GB/T 70.1—2000
27	弹簧		TF40×22×70	4	GB/T 2088—2009
28	密封圈		φ15	8	

瓶盖注射模制作评分标准,详见附录一模具制作实训评分表。

任务1   瓶盖注射模制作准备

■任务分析

图7-1为瓶盖注射模。该模具注射成型的塑件为瓶盖,材料是 ABS。图7-2为工件图样,通过阅读瓶盖注射模模具图样,要求学生能分析瓶盖注射模具的结构,了解工件的注射过程,了解模具的制造过程。

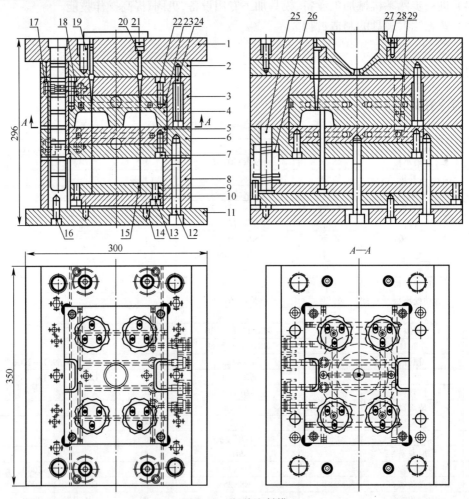

图7-1 瓶盖注射模

1—定模座板;2—脱料板;3—定模板;4—母模仁;5—公模仁;6—动模板;7—内六角螺钉;8—垫块;9—顶针面板;10—顶针底板;11—动模座板;12—内六角螺钉;13—内六角螺钉;14—垃圾钉;15—顶针;16—内六角螺钉;17—水嘴;18—密封圈;19—小拉杆;20—拉料杆;21—止付螺钉;22—内六角螺钉;23—止水栓;24—小拉杆;25—复位杆;26—弹簧;27—浇口套;28—内六角螺钉;29—尼龙塞。

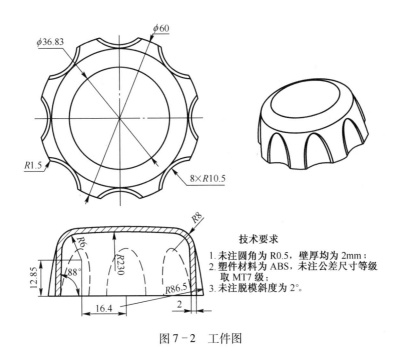

图 7-2　工件图

技术要求
1. 未注圆角为 R0.5，壁厚均为 2mm；
2. 塑件材料为 ABS，未注公差尺寸等级取 MT7 级；
3. 未注脱模斜度为 2°。

■ 知识技能准备

须具有塑料模具的专业理论知识和模具零件加工等相关知识与技能，可参阅相关教材、专业书及手册。

■ 任务实施

一、瓶盖注射模结构

瓶盖注射模模具结构见图 7-3，模具由定模部分、动模部分组成。注射成型时，料流从主浇道、分流道进入型腔，充填满后冷却成型。开模时，成型塑件由顶针顶出。该模具采用一模四件的结构。

定模部分主要由定模座板 1、脱料板 2、定模板 3、母模仁 4 组成，浇口套 27 由内六角螺钉 28(2 支)定位在定模座板 1 上，母模仁 4 由内六角螺钉 22(4 支)固定在定模板 3 内。导柱以台阶固定方式安装在定模座板 1 中，脱料板 2、定模板 3 通过导套和导柱连接在一起，并在导柱上滑动。拉料杆 20 安装在定模座板 1 中，通过平头螺钉 21 固定。小拉杆 19 通过螺纹方式安装在脱料板 2 上，小拉杆 24 通过螺纹方式安装在脱料板 2 上。

动模部分由公模仁 5、动模板 6、垫块 8、动模座板 11、顶针面板 9、顶针底板 10 组成，动模座板 11 和垫块 8 由内六角螺钉 16(4 支)固定，动模板 6、垫块 8、动模座板 11 由内六角螺钉 12(4 支)固定，顶针 15(12 支)、复位杆 25(4 支)安装在顶针面板 9 和顶针底板 10 上面，由内六角螺钉 13(4 支)固定，垃圾钉 14(4 支)固定在动模座板 11 上面，公模仁 5 安装在动模板 6 的凹槽内，由内六角螺钉 7(4 支)固定。

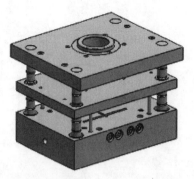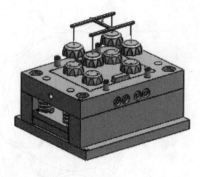

图 7-3 模具结构图

二、瓶盖注射模制作过程

瓶盖注射模的制作过程,可参考图 5-4 所示的盖板注射模的制作过程。

■归纳总结

通过任务 1 学习,学生熟悉了瓶盖注射模具结构,了解其制造过程,为模具零件加工及模具装配做好准备。

任务 2 模具零件加工

■任务分析

瓶盖注射模采用简化型细水口 FCI 型 1823 标准模架,需要加工的零件有定模座板、脱料板、定模板、动模板、母模仁、公模仁、垫块、顶针面板、顶针底板、动模座板、浇口套、顶针、复位杆等,按照瓶盖注射模各零件的加工工艺,完成各零件的制作,达到图样要求。

(1) 熟悉、掌握瓶盖注射模各零件的加工工艺。

(2) 会操作磨床、数控铣床、车床、线切割机床、电火花成型机床等加工设备,完成瓶盖注射模各零件的制作。

■知识技能准备

实施任务 2 前,可学习相关教材、专业书、手册,完成必要的基础技能训练,需具备一定的专业知识和操作技能:

(1) 具有注射模具零件加工的工艺知识。

(2) 具有钳工基本操作技能。

(3) 具有数控铣床、线切割机床、电火花成型机床编程知识与操作技能。

(4) 具有操作磨床、车床、数控铣床、线切割机床、电火花成型机床等的知识与技能。

(5) 具有一定的热处理知识。

(6) 具有操作各设备的安全知识。

■任务实施

任务 2.1　浇口套加工

一、浇口套加工工艺

浇口套如图 7-4 所示,材料为 45 钢,加工工艺如下。

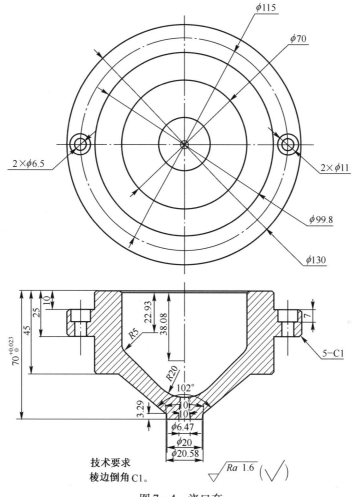

图 7-4　浇口套

（1）备料:φ135mm×150mm 棒料。

（2）车:车成型。保证各尺寸符合要求,倒角。

（3）钳:划 2×φ6.5mm 钻孔位置线,钻、扩 2×φ6.5mm 台阶孔,倒角,钻、铰主流道孔。

（4）磨:根据模板实际尺寸,磨配浇口套的长度。

（5）检验。

二、注意事项

（1）钳工划线应正确,钻孔位置要正确。

（2）操作磨床、车床、台式钻床应遵守操作规程。

（3）浇口套的长度应根据实际模板厚度测量尺寸确定。

（4）注意安全操作。

任务 2.2 定模座板加工

一、定模座板加工工艺

定模座板如图 7-5 所示，材料为 45 钢，加工工艺如下。

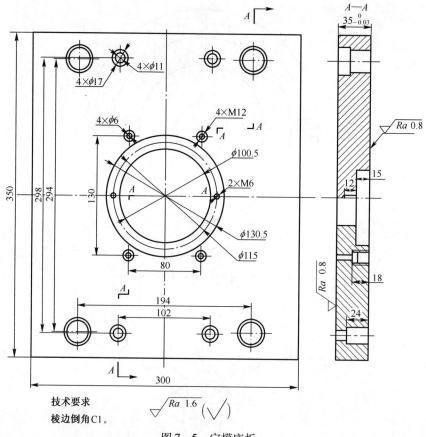

图 7-5 定模座板

（1）备料：定模座板为采购的标准件。

（2）磨：磨上、下两面，保证尺寸 350mm×300mm×35mm。

（3）数控铣：钻、扩 4×φ11mm 台阶孔，铣 φ130.5mm 浇口套安装孔，钻 4×M12 平头螺纹底孔，钻 2×M6 螺纹孔底孔，钻、铰 4×φ6mm 拉料杆安装孔。

（4）钳：攻 2×M6 螺纹，攻 4×M12 螺纹。

（5）检验。

二、注意事项

（1）数控铣床加工时应选择合适的切削参数和刀具。

（2）数控铣床加工前应检查工件装夹方向与编程方向是否一致。

（3）操作平面磨床、数控铣床时要遵守机床操作规程。

（4）攻 2×M6、4×M12 螺纹时要确保丝攻与工件平面垂直。

（5）注意安全操作。

任务 2.3　脱料板加工

一、脱料板加工工艺

脱料板如图 7-6 所示，材料为 45 钢，加工工艺如下。

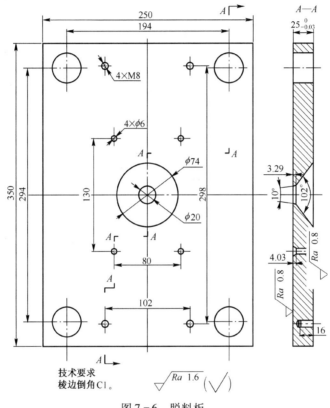

图 7-6　脱料板

（1）备料：脱料板为采购的标准件。

（2）磨：磨上、下两面，保证尺寸 350mm×250mm×25mm。

（3）数控铣：铣 ϕ74mm 浇口套安装孔，钻 4×M8 螺纹孔底孔，钻、铰 4×ϕ6mm 拉料杆安装孔。

（4）钳：攻 4×M8 螺纹。

（5）检验。

二、注意事项

（1）数控铣床加工时应选择合适的切削参数和刀具。

（2）数控铣床加工前应检查工件装夹方向与编程方向是否一致。

（3）操作平面磨床、数控铣床时要遵守机床操作规程。

（4）攻 4×M8 螺纹时要确保丝攻与工件平面垂直。

（5）注意安全操作。

任务 2.4　定模板加工

一、定模板加工工艺

定模板如图 7－7 所示,材料为 45 钢,加工工艺如下。

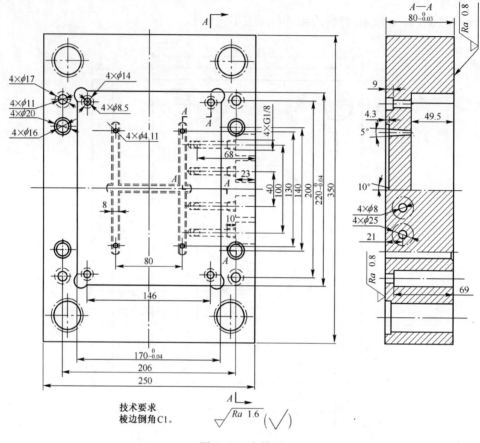

图 7－7　定模板

(1) 备料:定模座板为采购的标准件。

(2) 磨:磨上、下两面,保证尺寸 350mm×250mm×80mm。

(3) 数控铣:铣梯形流道,铣母模仁安装槽,钻、扩 4×φ8.5mm 台阶孔,钻、扩 4×φ11mm 台阶孔,钻、扩 4×φ16mm 台阶孔,钻、扩侧面 4×φ25mm 台阶孔。

(4) 钳:攻 4×G1/8″管螺纹,钻 φ8mm 水路孔。

(5) 检验。

二、注意事项

(1) 数控铣床加工时应选择合适的切削参数和刀具。

(2) 数控铣床加工前应检查工件装夹方向与编程方向是否一致。

(3) 操作平面磨床、数控铣床时要遵守机床操作规程。

(4) 攻螺纹时要确保丝攻与工件平面垂直。

(5) 注意安全操作。

任务2.5 母模仁加工

一、母模仁加工工艺

母模仁如图7-8所示,材料为45钢,加工工艺如下。

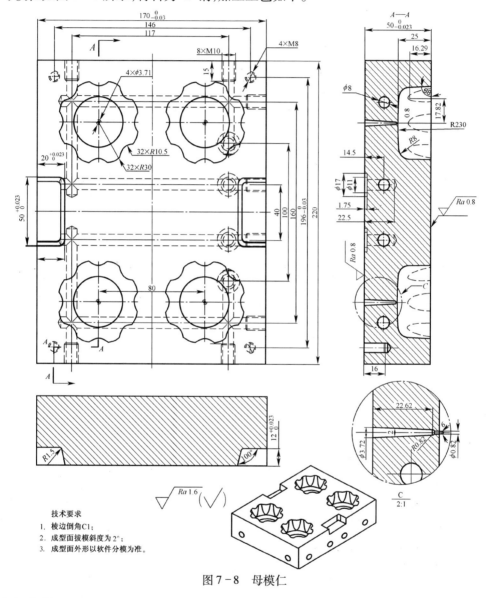

图7-8 母模仁

技术要求

1. 棱边倒角C1;
2. 成型面拔模斜度为2°;
3. 成型面外形以软件分模为准。

（1）备料:223mm×173mm×52mm。

（2）铣:铣六方体保证尺寸为220.3mm×170.3mm×50.3mm。

（3）磨:磨六面,保证尺寸220mm×170mm×50mm,对角尺。

（4）数控铣:铣母模仁成型面(成型面外形以软件分模为准),钻4×M8螺纹孔底孔,钻、铰点浇口孔。

（5）火花电:电火花成型机加工点浇口孔。

（6）钳:研磨成型面,攻4×M8螺纹,钻φ8mm水路孔,攻8×M10螺纹。

（7）检验。

二、注意事项

（1）数控铣床加工时应选择合适的切削参数和刀具。

（2）数控铣床加工前应检查工件装夹方向与编程方向是否一致。

（3）操作平面磨床、数控铣床时要遵守机床操作规程。

（4）攻 4×M8 螺纹时要确保丝攻与工件平面垂直。

（5）注意安全操作。

任务2.6　公模仁加工

一、公模仁加工工艺

公模仁如图 7-9 所示，材料为 45 钢，加工工艺如下。

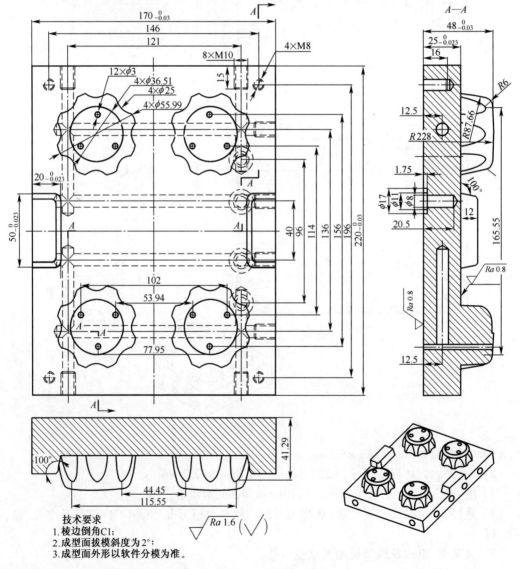

图 7-9　公模仁

（1）备料：223mm×173mm×50mm。

（2）铣：铣六方体保证尺寸为220.3mm×170.3mm×48.3mm。

（3）磨：磨六两面，保证尺寸220mm×170mm×48mm，对角尺。

（4）数控铣：铣公模仁成型面（成型面外形以软件分模为准），钻4×M8螺纹孔底孔，钻顶针穿丝孔。

（5）切割线：线切割顶针孔，单边割大0.015mm。

（6）钳：研磨成型面，攻4×M8螺纹，钻φ8mm水路孔，攻8×M10螺纹。

（7）检验。

二、注意事项

（1）数控铣床加工时应选择合适的切削参数和刀具。

（2）数控铣床加工前应检查工件装夹方向与编程方向是否一致。

（3）操作平面磨床、数控铣床、线切割机床时要遵守机床操作规程。

（4）攻4×M8螺纹时要确保丝攻与工件平面垂直。

（5）注意安全操作。

任务2.7　动模板加工

一、动模板加工工艺

动模板如图7-10所示，材料为45钢，加工工艺如下。

（1）备料：动模板为采购的标准件。

（2）磨：磨上、下两面，保证尺寸350mm×250mm×50mm。

（3）数控铣：铣公模仁安装槽，钻、扩4×φ8.5mm台阶孔，钻、扩4×φ16mm台阶孔，钻4×M8螺纹孔底孔，钻6×M14螺纹孔底孔，钻12×φ5mm顶针通孔，钻复位杆穿丝孔，钻、扩侧面4×φ25mm台阶孔。

（4）切割线：线切割复位杆通孔，单边割大0.015mm。

（5）钳：攻4×M8螺纹，钻φ8mm水路孔，攻6×M14螺纹、4×G1/8″管螺纹。

（6）检验。

二、注意事项

（1）数控铣床加工时应选择合适的切削参数和刀具。

（2）数控铣床加工前应检查工件装夹方向与编程方向是否一致。

（3）操作平面磨床、数控铣床、线切割机床时要遵守机床操作规程。

（4）攻4×M8螺纹时要确保丝攻与工件平面垂直。

（5）磨上、下面时，需拆装导柱，注意安全操作。

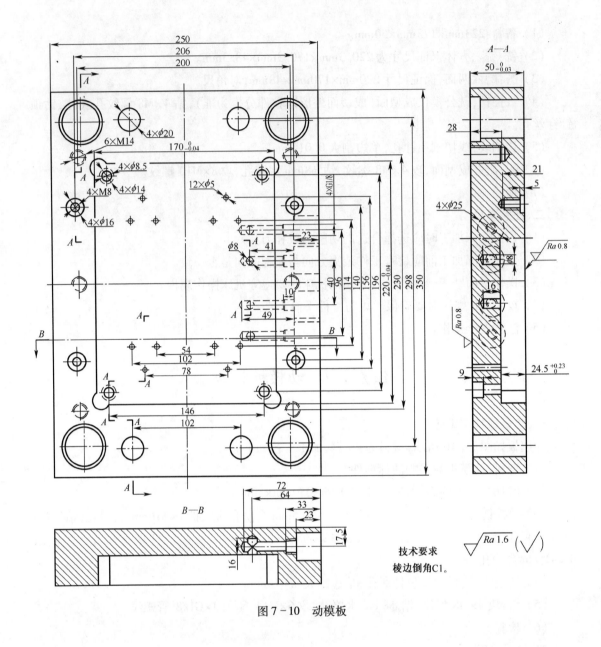

图 7-10 动模板

任务2.8 垫块加工

一、垫块加工工艺

垫块如图7-11所示,材料为45钢,加工工艺如下。

(1) 备料:垫块为采购的标准件。

(2) 磨:磨上、下两面,保证尺寸 350mm×48mm×80mm。

(3) 铣:钻2×M10 螺纹孔底孔,钻3×φ16mm 通孔,钻2×φ33mm 通孔。

(4) 钳:攻2×M10 螺纹。

(5) 检验。

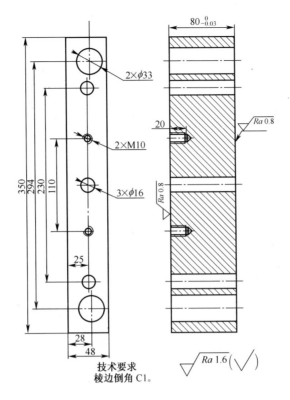

图 7 - 11 垫块

二、注意事项

（1）铣床加工时应选择合适的切削参数和刀具。

（2）操作平面磨床、铣床时要遵守机床操作规程。

（3）攻 2×M10 螺纹时要确保丝攻与工件平面垂直。

（4）注意安全操作。

任务2.9 动模座板加工

一、动模座板加工工艺

动模座板如图 7 - 12 所示，材料为 45 钢，加工工艺如下。

（1）备料：动模座板为采购的标准件。

（2）磨：磨上、下两面，保证尺寸 350mm×300mm×25mm。

（3）数控铣：钻、镗 ϕ35mm 通孔，钻、扩 6×ϕ16mm 台阶孔，钻、扩 4×ϕ11mm 台阶孔，钻 4×M6螺纹底孔。

（4）钳：攻 4×M6 螺纹。

（5）检验。

二、注意事项

（1）数控铣床加工时应选择合适的切削参数和刀具。

（2）数控铣床加工前应检查工件装夹方向与编程方向是否一致。

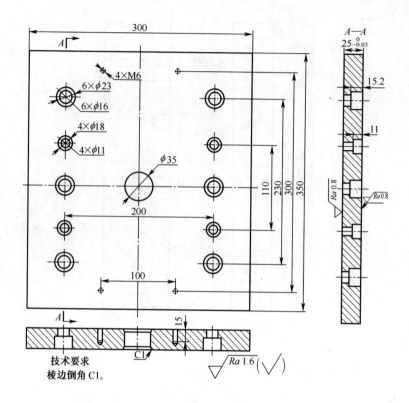

图 7-12　动模座板

（3）操作平面磨床、数控铣床时要遵守机床操作规程。

（4）攻 4×M6 螺纹时要确保丝攻与工件平面垂直。

（5）注意安全操作。

任务 2.10　顶针面板加工

一、顶针面板加工工艺

顶针面板如图 7-13 所示，材料为 45 钢，加工工艺如下。

（1）备料：顶针面板为采购的标准件。

（2）磨：磨上、下两面，保证尺寸 350mm×150mm×15mm。

（3）数控铣：钻、扩 4×φ20mm 台阶孔，钻、铣 12×φ4mm 腰形台阶孔，钻 4×M8 螺纹底孔。

（4）钳：攻 4×M8 螺纹。

（5）检验。

二、注意事项

（1）铣床加工时应选择合适的切削参数和刀具。

（2）操作平面磨床、铣床时要遵守机床操作规程。

（3）攻 4×M8 螺纹时要确保丝攻与工件平面垂直。

（4）注意安全操作。

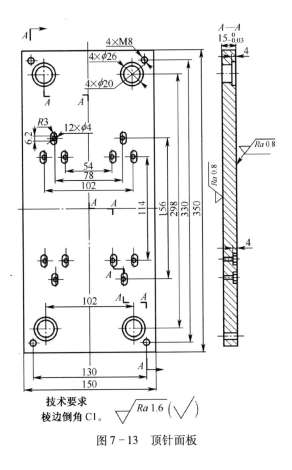

图 7 – 13　顶针面板

任务 2.11　顶针底板加工

一、顶针底板加工工艺

顶针底板如图 7 – 14 所示,材料为 45 钢,加工工艺如下。

(1) 备料:顶针底板为采购的标准件。

(2) 磨:磨上、下两面,保证尺寸 350mm×150mm×20mm。

(3) 数控铣:钻、扩 4×φ9mm 台阶孔。

(4) 检验。

二、注意事项

(1) 数控铣床加工时应选择合适的切削参数和刀具。

(2) 数控铣床加工前应检查工件装夹方向与编程方向是否一致。

(3) 操作平面磨床、数控铣床时要遵守机床操作规程。

(4) 注意安全操作。

■ **归纳总结**

通过对任务 2 的学习,学生熟悉了瓶盖注射模各零件的结构及其制造过程,完成了零件加工,为模具装配做好准备。

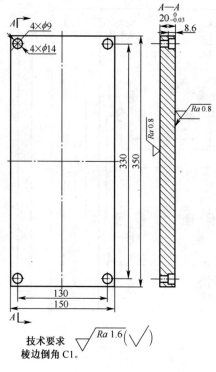

技术要求
棱边倒角 C1。

图 7-14 顶针底板

任务3 模具组件装配

■任务分析

瓶盖注射模的组件有母模仁与止水栓组件,母模仁、水嘴与定模板组件,公模仁与止水栓组件,公模仁、水嘴与动模板组件,垃圾钉、垫块与动模座板组件,顶针面板与顶针底板组件等,要求按照装配工艺,完成各组件的装配。

(1)熟悉瓶盖注射模各组件的装配要求。

(2)掌握瓶盖注射模各组件装配。

■知识技能准备

实施任务3前,可学习相关教材、专业书、手册及本书附录,需具备一定的钳工专业知识和操作技能:

(1)了解瓶盖注射模各组件的装配要求。

(2)具有钳工基本操作技能及钳工装配知识和技能。

(3)具有操作磨床、钳工设备的知识与技能。

(4)具有操作使用设备的安全知识。

■任务实施

任务 3.1　母模仁与止水栓装配

母模仁与止水栓组件是由母模仁、止水栓组成，如图 7-15 所示，需把止水栓装入母模仁中。

一、装配步骤

（1）将母模仁、止水栓清洗干净，擦净上油。

（2）把母模仁放在等高垫铁上，拧入止水栓，用内六角扳手拧紧。

二、注意事项

（1）清洗母模仁前，先用 M10 丝攻去除螺纹孔内的杂物。

图 7-15　母模仁与止水栓组件

（2）用内六角扳手拧紧止水栓后，不能漏水。

任务 3.2　母模仁、水嘴与定模板装配

母模仁、水嘴与定模板组件是由母模仁、水嘴、定模板组成的，如图 7-16 所示，需把母模仁装入定模板中。

一、装配步骤

（1）将母模仁、水嘴、定模板清洗干净，擦净上油。

（2）把定模板放在等高垫铁上，在母模仁和定模板的水路交接处装入密封圈，将母模仁装入定模板中（用铜棒轻轻敲击），反面装入沉头螺钉，用内六角扳手拧紧。

（3）拧入水嘴，用扳手拧紧。

二、注意事项

（1）清洗母模仁前，先用 M8 丝攻去除螺纹孔内的杂物。　图 7-16　母模仁水嘴与定模板组件

（2）水路密封圈和水嘴安装时要注意密封性。

（3）装入水嘴后要确保不漏水。

任务 3.3　公模仁与止水栓装配

公模仁与止水栓组件是由公模仁、止水栓组成，如图 7-17 所示。需把止水栓装入公模仁中。

一、装配步骤

（1）将公模仁、止水栓清洗干净，擦净上油。

（2）把公模仁放在等高垫铁上，拧入止水栓，用内六角扳手拧紧。

图 7-17　公模仁与止水栓组件

二、注意事项

（1）清洗公模仁前，先用 M10 丝攻去除螺纹孔内的杂物。

（2）用内六角扳手拧紧止水栓后，不能漏水。

任务 3.4　公模仁、水嘴与动模板装配

公模仁、水嘴与动模板组件是由公模仁、水嘴、动模板组成，如图 7－18 所示，需把公模仁装入动模板中。

一、装配步骤

（1）将公模仁、水嘴、动模板清洗干净，擦净上油。

（2）把动模板放在等高垫铁上，在公模仁和动模板的水路交接处装入密封圈，将公模仁装入定模板中（用铜棒轻轻敲击），反面装入沉头螺钉，用内六角扳手拧紧。

（3）拧入水嘴，用扳手拧紧。

二、注意事项

（1）清洗公模仁前，先用 M8 丝攻去除螺纹孔内的杂物。

（2）水路密封圈和水嘴安装时要注意密封性。

（3）用内六角扳手拧紧沉头螺钉时，用力应均匀。

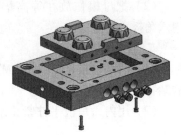

图 7－18　公模仁水嘴与动模板组件

任务 3.5　垃圾钉、垫块与动模座板装配

垃圾钉、垫块与动模座板组件是由垃圾钉、垫块和动模座板组成的，如图 7－19 所示，需把垃圾钉、垫块安装在动模座板上。

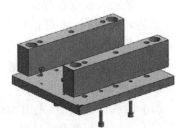

图 7－19　动模座板组件

一、装配步骤

（1）将垃圾钉、垫块与动模座板清洗干净，擦净上油。

（2）把动模座板放在等高垫铁上，将垃圾钉按规定方向装在动模座板上，装入沉头螺钉，用内六角扳手拧紧，把垃圾钉固定在动模座板上。

（3）在安装好的动模座上放置垫块，装入沉头螺钉，用内六角扳手拧紧，把垫块固定到动模板上。

（4）垃圾钉安装完成后，检查各垃圾钉之间的高度是否平齐，如高度不平，在磨床上把高度磨平。

二、注意事项

（1）清洗垃圾钉、垫块与动模座板前，先用 M6 丝攻去除螺纹孔内的杂物。

（2）垫块安装要注意安装方向，不能装反。

（3）用内六角扳手拧紧沉头螺钉时，用力应均匀。

任务 3.6 顶针面板与顶针底板装配

顶针面板与顶针底板组件是由顶针、复位杆、顶针面板和顶针底板组成的,如图 7－20 所示,需把顶针、复位杆固定在顶针面板和顶针底板组件中。

一、装配步骤

(1) 将顶针、复位杆、顶针面板、顶针底板清洗干净,擦净上油。

(2) 把顶针面板放在等高垫铁上,将顶针、复位杆按规定方向装入顶针面板中,按照装配关系把顶针面板和顶针底板叠放在一起,装入沉头螺钉,用内六角扳手拧紧。

(3) 顶针、复位杆固定以后,按照装配关系,放置动模座板、垫块、动模板,把装配好的顶针面板与顶针底板组件放置在平齐的垃圾钉上面,根据顶针、复位杆通过模板实际尺寸,磨配顶针、复位杆长度。

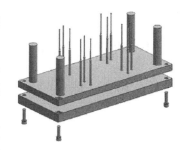

图 7－20 顶针板组件

二、注意事项

(1) 清洗顶针面板前,先用 M6 丝攻去除螺纹孔内的杂物。

(2) 用内六角扳手拧紧沉头螺钉时,用力应均匀。

(3) 磨配顶针、复位杆长度时,根据动模部分的装配关系把顶针放置在已经装配好的垃圾钉与动模座板组件上。

▪归纳总结

通过对任务 3 的学习,学生学习了瓶盖注射模各组件的装配步骤及要求,完成了母模仁与止水栓组件,母模仁、水嘴与定模板组件,公模仁与止水栓组件,公模仁、水嘴与动模板组件,垃圾钉、垫块与动模座板组件,顶针面板与顶针底板组件装配,为模具总装配做好准备。

任务 4 模具总装配

▪任务分析

瓶盖注射模总装配图,如图 7－1 所示。在瓶盖注射模零件完成加工、组件装配结束之后,即可进行模具总装配。即把浇口套,定模座板,脱料板,母模仁与止水栓组件,母模仁,水嘴与定模板组件,公模仁与止水栓组件,公模仁、水嘴与动模板组件,垃圾钉、垫块与动模座板组件,顶针面板与顶针底板组件,动模座板等所有零部件,按照瓶盖注射模各零件的装配位置关系,完成模具总装配,达到图样要求。

(1) 掌握瓶盖注射模的装配步骤。

(2) 会操作加工设备,进行零件的补充加工,完成瓶盖注射模装配。

■知识技能准备

实施任务 4 前,可学习相关教材、专业书、手册及本书附录,需具备一定的专业知识和操作技能:

(1) 具有注射模具零件装配工艺知识。

(2) 具有钳工基本操作技能。

(3) 具有操作磨床等机床的知识与技能。

(4) 具有操作各设备的安全知识。

■任务实施

任务4.1　定模部分装配

定模部分装配主要是完成定模座板、脱料板、浇口套、母模仁与止水栓组件,母模仁、水嘴与定模板组件等的装配,如图 7 - 21 所示。

一、装配步骤

(1) 将定模座板、脱料板、浇口套、母模仁与止水栓组件,母模仁、水嘴与定模板组件清洗干净,擦净上油。

(2) 把母模仁、水嘴与定模板组件放在等高垫铁上,放上脱料板、定模座板,如图 7 - 22 所示,检查导柱和导套活动要顺畅。

(3) 装入浇口套,如图 7 - 23 所示,检查浇口套装入后位置是否准确,配合间隙是否符合要求,装入内六角螺钉,用内六角扳手拧紧,把浇口套固定在定模座板上,检查浇口套长度,用油石研磨浇口套,使浇口部分与脱料板背面平齐。

图 7 - 22　装入脱料板、定模座板

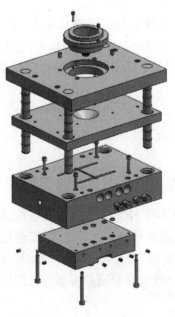

图 7 - 21　定模部分装配

图 7 - 23　装入浇口套

（4）在定模座板正面装入拉料杆，压上平头螺钉，用内六角扳手拧紧，把拉料杆固定在定模座板上。

二、注意事项

（1）装配前应准备好装配中需用的工具，并对定模座板、定模板、浇口套等标准零件及加工的非标准零件进行检查，合格后才能进行装配。

（2）所有零件在装配前应去除毛刺，表面涂上适量润滑油。装配时各零件应做好记号，方便今后拆装。

（3）浇口套装入后要检查浇口套头部与脱料板是否平齐。

（4）定模座板、脱料板、定模板安装后要检查三块板之间活动是否顺畅。

（5）紧固内六角螺钉时，应对角均匀拧紧。

任务4.2　动模部分装配

动模部分装配主要是完成公模仁与止水栓组件，公模仁、水嘴与动模板组件，垃圾钉、垫块与动模座板组件，顶针面板与顶针底板组件等的装配，如图7-24所示。

一、装配步骤

（1）将公模仁与止水栓组件，公模仁、水嘴与动模板组件，垃圾钉、垫块与动模座板组件，顶针面板与顶针底板组件清洗干净，擦净上油。

（2）把公模仁、水嘴与动模板组件放在等高垫铁上，将顶针面板与顶针底板组件装入公模仁与动模板组件中，在复位杆上套上弹簧，如图7-25所示，检查顶针面板和顶针底板组件在公模仁与动模板组件中活动是否顺畅。

（3）依次在两侧放置垫块、垃圾钉与动模座板组件，装入内六角螺钉，用内六角扳手拧紧，如图7-26所示。

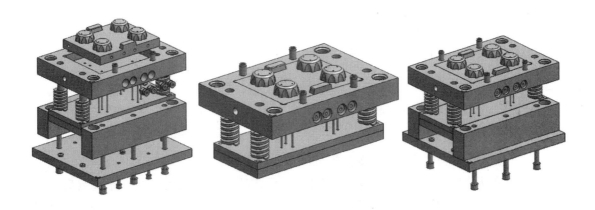

图7-24　动模部分装配　　　图7-25　装上顶针板等　　　图7-26　完成动模装配

二、注意事项

（1）装配前应准备好装配中需用的工具，并对动模座板、动模板、顶针、复位杆等标准零件及加工的非标准零件进行检查，合格后才能进行装配。

（2）所有零件在装配前应去除毛刺，表面涂上适量润滑油。装配时各零件应做好记号，方便今后拆装。

（3）顶针面板与顶针底板组件装入公模仁与动模板组件后，要检查顶针面板与顶针底板组件移动是否顺畅。

（4）紧固内六角螺钉时，应对角均匀拧紧。

■归纳总结

通过对任务4的学习，熟悉了瓶盖注射模的装配步骤及要求，完成了模具总装配，可进行下一个任务——试模。

任务5 试模及调试

■任务分析

瓶盖注射模装配完成后，需进行试模，检查模具及工件质量是否合格，能不能达到图样要求。试模所用注塑机型号为海达 HDX-128。

（1）熟悉瓶盖注射模试模时常见问题及解决方法。

（2）会在注塑机上安装模具，操作注塑机。

■知识技能准备

实施任务5前，可学习相关教材、专业书、手册及附录：

（1）熟悉海达 HDX-128 注塑机操作。

（2）熟悉瓶盖注射模试模时常见问题及解决方法。

（3）了解模具在注塑机上安装步骤。

（4）具有操作注塑机设备的安全知识。

■任务实施

一、瓶盖注射模试模

（1）选用型号为海达 HDX-128 注塑机。

（2）把盖板注射模安装在注塑机上，安装模具后，应先空运行几次，模具安装稳妥后，仔细检查、调整模具，检查顶针、限位开关等动作是否正常，注意模具合模开模，在手动和低速状态下查看是否有不顺畅的动作和异声等。

（3）开、合模动作反复几次正常后，查看、调整顶出机构符合要求。

（4）设定注射参数,进行试射。

二、瓶盖注射模的调试

瓶盖注射模试模安装好以后,即可进行注射,检查工件质量,出现问题,可按表 5-2 进行调试。

三、注意事项

（1）模具安装到注塑机上后要牢固可靠。

（2）应遵守安全操作规程,确保操作安全。

（3）合模后,各承载面（分型面）之间不得有间隙。

（4）开模后顶出系统应保证顺利脱模,以便取出塑件及浇注系统废料。

▌归纳总结

通过对任务 5 的学习,完成了瓶盖注射模具的试模及调试。至此,已完整地学习了瓶盖注射模具的制造。

8 项目八 整流器外壳注射模制作

学习目标

(1) 学习、巩固模具专业理论知识。
(2) 掌握整流器外壳注射模零件的加工工艺、加工方法。
(3) 掌握整流器外壳注射模的装配及调试方法。
(4) 进一步熟悉机械加工设备、模具加工专用设备,巩固、提高操作技能。
(5) 熟悉注射模具的制造过程。

模具材料准备

整流器外壳注射模模具材料见表8-1。

表8-1 整流器外壳注射模模具材料

序号	名 称	材料	规 格	数量	备 注
1	定模座板	45钢	230×180×20	1	
2	定模扳	45钢	180×180×60	1	
3	母模仁	45钢	72×112×37	1	
4	公模仁	45钢	72×112×26	1	
5	动模板	45钢	180×180×50	1	
6	垫块	45钢	180×33×60	2	
7	顶针面板	45钢	180×110×13	1	
8	顶针底板	45钢	180×110×15	1	
9	动模座板	45钢	230×180×20	1	
10	公模仁镶件	45钢	75×45×38	1	
11	滑块	45钢	60×60×47	2	
12	滑块压条	45钢	57×20×21	4	
13	定位环	45钢	φ105×80 棒料	1	
14	浇口套	45钢	SBA φ3×4°	1	

序号	名　称	材料	规　格	数量	备　注
15	斜导柱		$\phi12\times65$	2	
16	垃圾钉		$D16\times8$	4	
17	定位钢珠		$\phi5$	4	
18	顶针		$\phi5\times100$	4	GB/T 4169.1—2006
19	复位杆		$\phi12\times90$	4	GB/T 4169.13—2006
20	内六角螺钉		$M5\times20$	2	GB/T 70.1—2000
21	内六角螺钉		$M6\times25$	8	GB/T 70.1—2000
22	内六角螺钉		$M6\times20$	2	GB/T 70.1—2000
23	内六角螺钉		$M6\times30$	2	GB/T 70.1—2000
24	内六角螺钉		$M8\times30$	4	GB/T 70.1—2000
25	内六角螺钉		$M8\times30$	8	GB/T 70.1—2000
26	内六角螺钉		$M8\times20$	4	GB/T 70.1—2000
27	内六角螺钉		$M12\times30$	4	GB/T 70.1—2000
28	内六角螺钉		$M12\times85$	2	GB/T 70.1—2000
29	圆柱销钉		$\phi4\times35$	8	GB/T 119—1986
30	限位螺钉		$M4\times15$	4	GB/T 70.1—2000
31	弹簧		$TF25\times13.5\times55$	4	GB/T 2088—2009
32	弹簧		$LR6\times4\times20$	4	GB/T 2088—2009

■评分标准

整流器外壳注射模制作评分标准,详见附录一模具制作实训评分表。

任务1　整流器外壳注射模制作准备

■任务分析

图 8-1 为整流器外壳注射模。该模具注射成型的塑件为整流器外壳,材料是 ABS。图 8-2为工件图样,通过阅读整流器外壳注射模模具图样,要求学生能分析整流器外壳注射模具的结构,了解工件的注射过程,了解模具的制造过程。

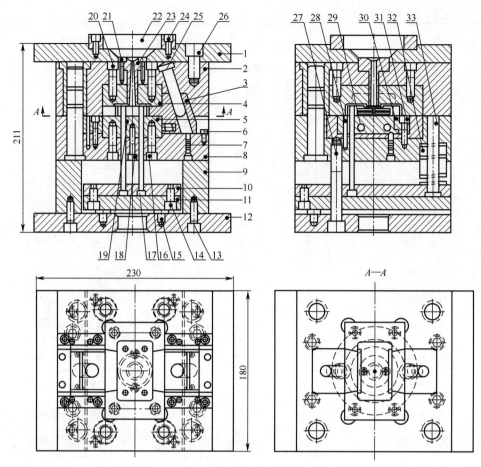

图 8 - 1　整流器外壳注射模

1—定模座板；2—定模板；3—滑块；4—母模仁；5—公模仁；6—限位螺钉；7—定位钢珠；8—动模板；9—垫块；10—顶针面板；11—顶针底板；12—动模座板；13—内六角螺钉；14—内六角螺钉；15—垃圾钉；16—内六角螺钉；17—顶针；18—内六角螺钉；19—公模仁镶件；20—内六角螺钉；21—内六角螺钉；22—定位环；23—浇口套；24—内六角螺钉；25—斜导柱；26—内六角螺钉；27—内六角螺钉；28—圆柱销钉；29—弹簧；30—滑块压条；31—内六角螺钉；32—弹簧；33—复位杆。

■知识技能准备

　　须具有塑料模具的专业理论知识和模具零件加工等相关知识与技能，可参阅相关教材、专业书及手册。

■任务实施

一、整流器外壳注射模结构

　　整流器外壳注射模模具结构见图 8 - 3，模具由定模部分、动模部分组成。注射成型时，料流从主浇道直接进入型腔，充填满后冷却成型。开模时，成型塑件由顶针顶出。该模具采用一模一件的结构。

　　定模部分主要由定模座板 1、定模板 2、母模仁 4 组成，定位环 22 由内六角螺钉 24（2 支）定位在定模座板 1 上，浇口套 23 由内六角螺钉 21（2 支）固定在定模板 2 上，定模座板 1 和定

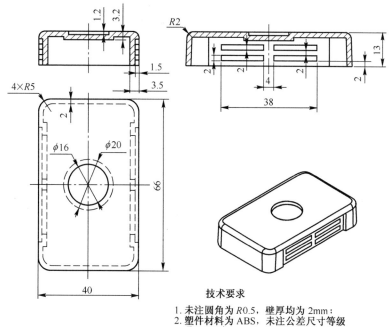

技术要求

1. 未注圆角为 R0.5，壁厚均为 2mm；
2. 塑件材料为 ABS，未注公差尺寸等级
   取 MT7 级；
3. 未注脱模斜度为 2°。

图 8-2 工件图

模板 2 由内六角螺钉 26(4 支)固定，母模仁 4 由内六角螺钉 20(4 支)固定在定模板 2 内，斜导柱 25 安装在定模板 2 中。动模部分由公模仁 5、动模板 8、垫块 9、动模座板 12、顶针面板 10、顶针底板 11 组成，动模座板 12 和垫块 9 由内六角螺钉 13(4 支)固定，动模板 8、垫块 9、动模座板 12 由内六角螺钉 27(4 支)固定，顶针 17(4 支)、复位杆 33(4 支)、安装在顶针面板 10 和顶针底板 11 上面，由内六角螺钉 14(4 支)固定，垃圾钉 15(4 支)固定在动模座板 12 上面，公模仁 5 安装在动模板 8 的凹槽内，由内六角螺钉 16(4 支)固定，公模仁镶件 19 安装在公模仁 5 内，由内六角螺钉 18(2 支)固定，滑块压条 30 由圆柱销钉 28(4 支)定位，滑块压条 30 压住滑块 3，使滑块 3 在滑块压条槽内移动，在动模板 8 上要安装限制滑块 3 活动范围的限位螺钉 6(4 支)，在滑块 3 底部安装定位钢珠 7。

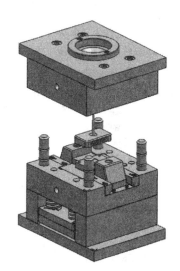

图 8-3 模具结构图

二、整流器外壳注射模制作过程

整流器外壳注射模的制作过程，可参考图 5-4 所示的盖板注射模的制作过程。

■ **归纳总结**

通过对任务 1 的学习，学生熟悉了整流器外壳注射模具结构，了解其制造过程，为模具零件加工及模具装配做好准备。

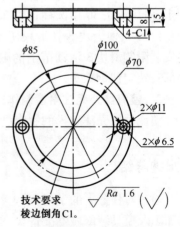

任务 2　模具零件加工

■任务分析

整流器外壳注射模采用大水口 CI 型 1823 标准模架,需要加工的零件有定模座板、定模板、动模板、母模仁、公模仁、垫块、顶针面板、顶针底板、动模座板、定位环、浇口套、滑块、滑块压块、顶针、复位杆等,按照整流器外壳注射模各零件的加工工艺,完成各零件的制作,达到图样要求。

（1）熟悉、掌握整流器外壳注射模各零件的加工工艺。

（2）会操作磨床、数控铣床、车床、线切割机床、电火花成型机床等加工设备,完成整流器外壳注射模各零件的制作。

■知识技能准备

实施任务 2 前,可学习相关教材、专业书、手册,完成必要的基础技能训练,需具备一定的专业知识和操作技能:

（1）具有注射模具零件加工的工艺知识。

（2）具有钳工基本操作技能。

（3）具有数控铣床、线切割机床、电火花成型机床编程知识与操作技能。

（4）具有操作磨床、车床、数控铣床、线切割机床、电火花成型机床等的知识与技能。

（5）具有一定的热处理知识。

（6）具有操作各设备的安全知识。

■任务实施

任务 2.1　定位环加工

一、定位环加工工艺

定位环如图 8－4 所示,材料为 45 钢,加工工艺如下。

（1）备料:ϕ105mm×80mm 棒料。

（2）车:车成型,保证各尺寸符合要求,倒角。

（3）钳:划 2×ϕ6.5mm 钻孔位置线,钻、扩 2×ϕ6.5mm 台阶孔,倒角。

（4）检验。

二、注意事项

（1）钳工划线应正确,钻孔位置要正确。

（2）操作车床、台式钻床应遵守操作规程。

（3）注意安全操作。

图 8－4　定位环

任务 2.2　浇口套加工

一、浇口套加工工艺

浇口套如图 8-5 所示,材料为 45 钢,加工工艺如下。

(1) 备料:标准件。

(2) 钳:划 $2 \times \phi 5.5$mm 台阶孔中心线,钻、扩 $2 \times \phi 5.5$mm 台阶孔,倒角。

(3) 磨:根据模板实际尺寸,磨配长度。

(4) 检验。

二、注意事项

(1) 钳工划线应正确,钻孔位置应正确。

(2) 操作磨床、台式钻床应遵守操作规程。

(3) 浇口套的长度,根据实际模板厚度尺寸实际测量后确定。

(4) 注意安全操作。

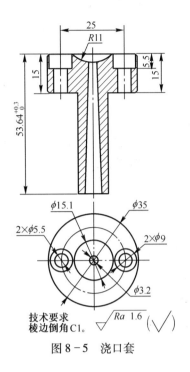

图 8-5　浇口套

任务 2.3　定模座板加工

一、定模座板加工工艺

定模座板如图 8-6 所示,材料为 45 钢,加工工艺如下。

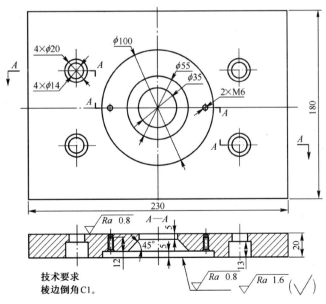

图 8-6　定模座板

（1）备料：定模座板为采购的标准件。

（2）磨：磨上、下两面，保证尺寸 230mm×180mm×20mm。

（3）数控铣：钻、扩 4×φ14mm 台阶孔，铣 φ100mm 定位环定位孔，钻 2×M6 螺纹孔底孔。

（4）钳：攻 2×M6 螺纹。

（5）检验。

二、注意事项

（1）数控铣床加工时应选择合适的切削参数和刀具。

（2）数控铣床加工前应检查工件装夹方向与编程方向是否一致。

（3）操作平面磨床、数控铣床时要遵守机床操作规程。

（4）攻 2×M6 螺纹时要确保丝攻与工件平面垂直。

（5）注意安全操作。

任务 2.4　定模板加工

一、定模板加工工艺

定模板如图 8-7 所示，材料为 45 钢，加工工艺如下。

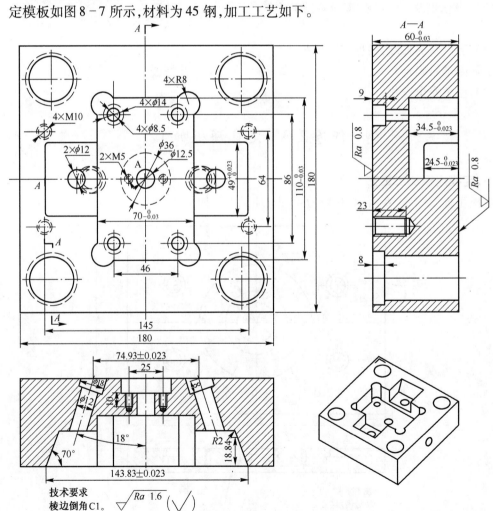

图 8-7　定模板

（1）备料：定模板为采购的标准件。

（2）磨：磨上、下两面，保证尺寸180mm×180mm×60mm。

（3）数控铣：钻、扩浇口套台阶孔，铣定模板成型面（成型面外形以软件分模为准），钻4×M10螺纹孔底孔，钻、扩4×ϕ8.5mm台阶孔，钻斜导柱穿丝孔ϕ4mm并扩2×ϕ18沉孔。

（4）线：线切割斜导柱孔ϕ12mm，单边割大0.015mm。

（5）钳：攻4×M8螺纹。

（6）检验。

二、注意事项

（1）数控铣床加工时应选择合适的切削参数和刀具。

（2）数控铣床加工前应检查工件装夹方向与编程方向是否一致。

（3）操作平面磨床、数控铣床时要遵守机床操作规程。

（4）攻螺纹4×M10时要确保丝攻与工件平面垂直。

（5）注意安全操作。

任务2.5 母模仁加工

一、母模仁加工工艺

母模仁如图8-8所示，材料为45钢，加工工艺如下。

（1）备料：112mm×72mm×37mm。

（2）铣：铣六方体保证尺寸为110.3mm×70.3mm×35.3mm。

（3）磨：磨六两面，保证尺寸110mm×70mm×35mm，对角尺。

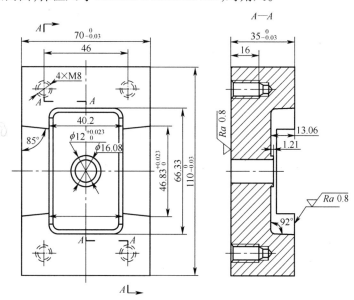

技术要求
1. 棱边倒角C1；
2. 成型面拔模斜度为2°；
3. 成型面外形以软件分模为准。

图8-8 母模仁

（4）数控铣：铣母模仁成型面（成型面外形以软件分模为准），钻4×M8 螺纹孔底孔，钻、铰
φ12mm 浇口套通孔。

（5）钳：研磨成型面，攻4×M8 螺纹。

（6）检验。

二、注意事项

（1）数控铣床加工时应选择合适的切削参数和刀具。

（2）数控铣床加工前应检查工件装夹方向与编程方向是否一致。

（3）操作平面磨床、数控铣床时要遵守机床操作规程。

（4）攻4×M8 螺纹时要确保丝攻与工件平面垂直。

（5）注意安全操作。

任务2.6　公模仁加工

一、公模仁加工工艺

公模仁如图8-9所示，材料为45钢，加工工艺如下。

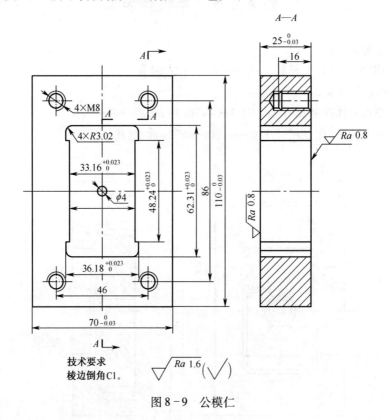

图8-9　公模仁

（1）备料：112mm×72mm×26mm。

（2）铣：铣六方体保证尺寸为 110.3×70.3×25.3。

（3）磨：磨六两面，保证尺寸 110mm×70mm×25mm，对角尺。

（4）数控铣：钻4×M8 螺纹孔底孔，钻公模仁镶件穿丝孔 φ4mm。

（5）切割线：线切割公模仁镶件外形，单边割大 0.015mm。

（6）钳:攻 4×M8 螺纹。

（7）检验。

二、注意事项

（1）数控铣床加工时应选择合适的切削参数和刀具。

（2）数控铣床加工前应检查工件装夹方向与编程方向是否一致。

（3）操作平面磨床、数控铣床、线切割机床时要遵守机床操作规程。

（4）攻 4×M8 螺纹时要确保丝攻与工件平面垂直。

（5）注意安全操作。

任务 2.7　公模仁镶件加工

一、公模仁镶件加工工艺

公模仁镶件如图 8-10 所示,材料为 45 钢,加工工艺如下。

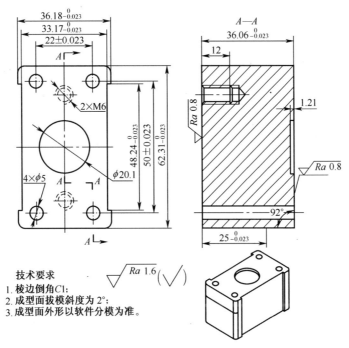

图 8-10　公模仁镶件

（1）备料:75mm×45mm×38mm。

（2）数控铣:钻顶针孔 4×φ3mm 穿丝孔。

（3）线切割:线切割公模仁镶件外形至尺寸要求,单边割小 0.015mm,线切割顶针孔 4×φ5mm,单边割大 0.015mm。

（4）数控铣:钻 2×M6 螺纹孔底孔,铣公模仁镶件成型面(成型面外形以软件分模为准)。

（5）钳:研磨成型面,攻 2×M6 螺纹。

（6）检验。

二、注意事项

（1）数控铣床加工时应选择合适的切削参数和刀具。

（2）数控铣床加工前应检查工件装夹方向与编程方向是否一致。

（3）操作平面磨床、数控铣床、线切割机床时要遵守机床操作规程。

（4）攻2×M6螺纹时要确保丝攻与工件平面垂直。

（5）注意安全操作。

任务2.8 动模板加工

一、动模板加工工艺

动模板如图8-11所示，材料为45钢，加工工艺如下。

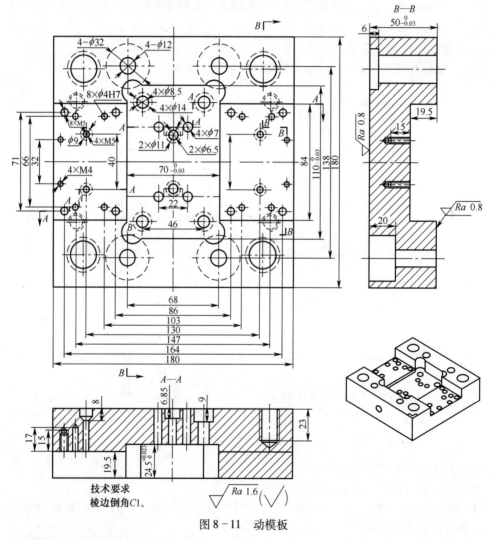

图8-11 动模板

（1）备料：动模板为采购的标准件。

（2）磨：磨上、下两面，保证尺寸180mm×180mm×50mm。

（3）数控铣：铣公模仁安装槽，钻、扩4×φ8.5mm台阶孔，钻、扩2×φ6.5mm台阶孔，钻4×φ7mm顶针通孔，钻4×M4螺纹孔底孔，钻8×M5螺纹孔底孔，钻4×M5螺纹孔底孔，钻、扩弹簧放置孔4×φ32mm，钻、铰8×φ4mm销钉孔，钻复位杆穿丝孔。

（4）切割线：线切割复位杆通孔，单边割大 0.015mm。

（5）钳：攻 4×M4 螺纹，攻 8×M5 螺纹，攻 4×M5 螺纹。

（6）检验。

二、注意事项

（1）数控铣床加工时应选择合适的切削参数和刀具。

（2）数控铣床加工前应检查工件装夹方向与编程方向是否一致。

（3）操作平面磨床、数控铣床、线切割机床时要遵守机床操作规程。

（4）攻螺纹时要确保丝攻与工件平面垂直。

（5）磨上、下面时，需拆装导柱，注意安全操作。

任务 2.9　垫　块　加　工

一、垫块加工工艺

垫块如图 8 - 12 所示，材料为 45 钢，加工工艺如下。

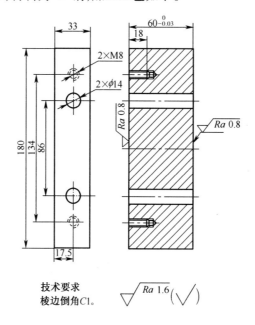

图 8 - 12　垫块

（1）备料：垫块为采购的标准件。

（2）磨：磨上、下两面，保证尺寸 180mm×33mm×60mm。

（3）数控铣：钻 2×M8 螺纹孔底孔，钻 4×ϕ14mm 通孔。

（4）钳：攻丝 4×M8 螺纹。

（5）检验。

二、注意事项

（1）铣床加工时应选择合适的切削参数和刀具。

（2）操作平面磨床、数控铣床时要遵守机床操作规程。

（3）攻 4×M8 螺纹时要确保丝攻与工件平面垂直。

（4）注意安全操作。

任务 2.10　动模座板加工

一、动模座板加工工艺

动模座板如图 8−13 所示,材料为 45 钢,加工工艺如下。

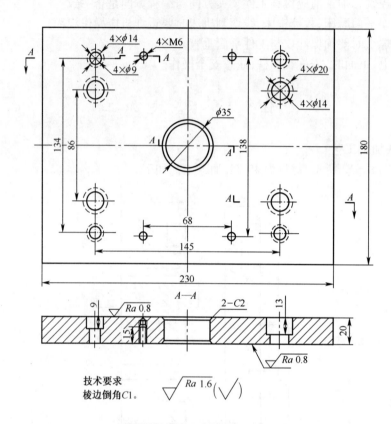

图 8−13　动模座板

（1）备料：动模座板为采购的标准件。

（2）磨：磨上、下两面,保证尺寸 230mm×180mm×20mm。

（3）数控铣：钻、镗 ϕ35mm 通孔,钻、扩 4×ϕ14mm 台阶孔,钻、扩 4×ϕ9mm 台阶孔,钻4× M6 螺纹孔底孔。

（4）钳：攻丝 4×M6 螺纹。

（5）检验。

二、注意事项

（1）数控铣床加工时应选择合适的切削参数和刀具。

（2）数控铣床加工前应检查工件装夹方向与编程方向是否一致。

（3）操作平面磨床、数控铣床时要遵守机床操作规程。

（4）攻 4×M6 螺纹时要确保丝攻与工件平面垂直。

（5）注意安全操作。

任务 2.11　顶针面板加工

一、顶针面板加工工艺

顶针面板如图 8 - 14 所示,材料为 45 钢,加工工艺如下。

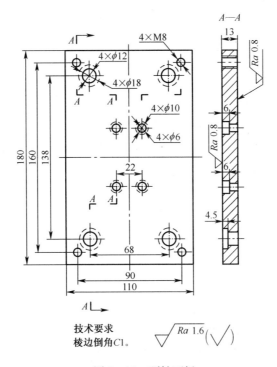

技术要求
棱边倒角C1。 $\sqrt{Ra\ 1.6}(\sqrt{})$

图 8 - 14　顶针面板

（1）备料:顶针面板为采购的标准件。
（2）磨:磨上、下两面,保证尺寸 180mm×110mm×13mm。
（3）数控铣:钻、扩 4×φ12mm 台阶孔,钻、扩 4×φ6mm 台阶孔,钻 4×M8 螺纹底孔。
（4）钳:攻 4×M8 螺纹。
（5）检验。

二、注意事项

（1）数控铣床加工时应选择合适的切削参数和刀具。
（2）数控铣床加工前应检查工件装夹方向与编程方向是否一致。
（3）操作平面磨床、数控铣床时要遵守机床操作规程。
（4）攻 4×M8 螺纹时要确保丝攻与工件平面垂直。
（5）注意安全操作。

任务 2.12　顶针底板加工

一、顶针底板加工工艺

顶针底板如图 8 - 15 所示,材料为 45 钢,加工工艺如下。

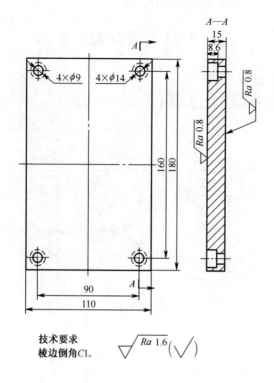

技术要求
棱边倒角C1。 $\sqrt{Ra\,1.6}$ $(\sqrt{\quad})$

图 8 – 15　顶针底板

（1）备料：顶针底板为采购的标准件。

（2）磨：磨上、下两面，保证尺寸 180mm×110mm×15mm。

（3）数控铣：钻、扩 4×ϕ9mm 台阶孔。

（4）检验。

二、注意事项

（1）铣床加工时应选择合适的切削参数和刀具。

（2）操作平面磨床、数控铣床时要遵守机床操作规程。

（3）注意安全操作。

任务2.13　滑 块 加 工

一、滑块加工工艺

滑块如图 8 – 16 所示，材料为 45 钢，加工工艺如下。

（1）备料：60mm×60mm×47mm。

（2）铣：铣六方体，保证尺寸为 58.7mm×58.3mm×45.3mm。

（3）磨：磨六方体，保证尺寸为 58.42mm×58mm×45mm。

（4）数控铣：铣滑块外形至尺寸要求（滑块成型面以软件分模为准），钻 2×ϕ6.5mm 弹簧放置孔，钻斜导柱穿丝孔 ϕ4mm。

（5）线切割：线切割斜导柱孔 ϕ13mm。

（6）检验。

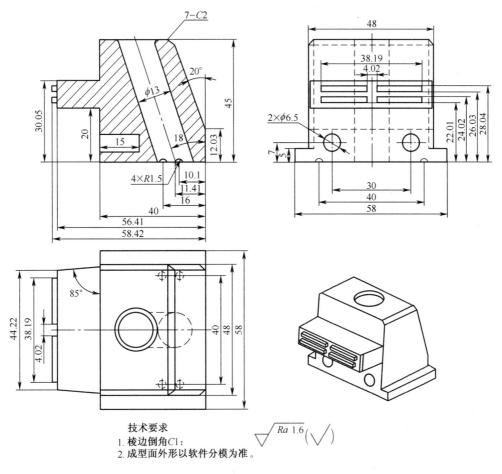

技术要求
1. 棱边倒角C1；
2. 成型面外形以软件分模为准。

图 8 - 16　滑块

二、注意事项

（1）数控铣床加工时应选择合适的切削参数和刀具。

（2）数控铣床加工前应检查工件装夹方向与编程方向是否一致。

（3）操作数控铣床、线切割机床时要遵守机床操作规程。

（4）注意安全操作。

任务2.14　滑块压条加工

一、滑块压条加工工艺

滑块压条如图 8 - 17 所示,材料为 45 钢,加工工艺如下。

（1）备料:57mm×20mm×21mm。

（2）铣:铣六方体,保证尺寸为 55.3mm×18.3mm×19.8mm。

（3）磨:磨六方体,保证尺寸为 55mm×18mm×19.5mm。

（4）数控铣:铣滑块压条外形至尺寸要求,钻、扩 2×φ6.5mm 台阶孔,钻、铰 2×φ4mm 圆柱销孔。

（5）检验。

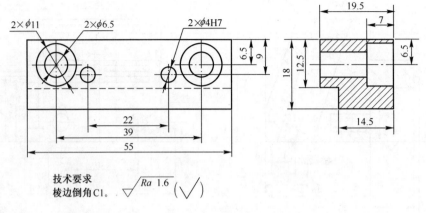

图 8-17 滑块压条

二、注意事项

(1) 铣床加工时应选择合适的切削参数和刀具。

(2) 操作磨床、数控铣床时要遵守机床操作规程。

(3) 注意安全操作。

任务 2.15　斜导柱加工

一、斜导柱加工工艺

斜导柱如图 8-18 所示,材料为 45 钢,加工工艺如下。

(1) 备料:斜导柱为采购的标准件。

(2) 磨:磨斜导柱圆锥面,根据通过模板实际尺寸,磨配斜导柱总长度。

(3) 检验。

二、注意事项

(1) 操作磨床应遵守操作规程。

(2) 注意安全操作。

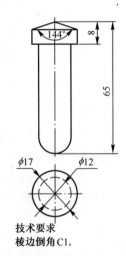

技术要求
棱边倒角C1。

图 8-18　斜导柱

▌归纳总结

通过对任务 2 的学习,学生熟悉了整流器外壳注射模各零件的结构及其制造过程,完成了零件加工,为模具装配做好准备。

任务 3　模具组件装配

▌任务分析

整流器外壳注射模的组件有母模仁与定模板组件,浇口套与定模板组件,公模仁、公模仁镶件与动模板组件,滑块与动模板组件,垃圾钉、垫块与动模座板组件,顶针面板与顶针底板组件等,要求按照装配工艺,完成各组件的装配。

（1）熟悉整流器外壳注射模各组件的装配要求。

（2）掌握整流器外壳注射模各组件装配。

■知识技能准备

实施任务 3 前,可学习相关教材、专业书、手册及本书附录,需具备一定的钳工专业知识和操作技能:

（1）了解整流器外壳注射模各组件的装配要求。

（2）具有钳工基本操作技能及钳工装配知识和技能。

（3）具有操作磨床、钳工设备的知识与技能。

（4）具有操作使用设备的安全知识。

■任务实施

任务 3.1　母模仁与定模板装配

母模仁与定模板组件是由母模仁、定模板组成,如图 8-19 所示,需把母模仁装入定模板中。

一、装配步骤

（1）将母模仁、定模板清洗干净,擦净上油。

（2）把定模板放在等高垫铁上,将母模仁装入定模板中（用铜棒轻轻敲击）,反面装入沉头螺钉,用内六角扳手拧紧。

二、注意事项

（1）清洗母模仁前,先用 M8 丝攻去除螺纹孔内的杂物。

（2）用内六角扳手拧紧沉头螺钉时,用力应均匀。

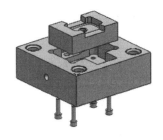

图 8-19　母模仁与定模板组件

任务 3.2　浇口套与定模板装配

浇口套与定模板组件是由浇口套、定模板组成,如图 8-20 所示,需把浇口套装入定模板中。

一、装配步骤

（1）将浇口套、定模板清洗干净,擦净上油。

（2）将浇口套装入定模板中（用铜棒轻轻敲击）,检查浇口套装入后与定模板组件中母模仁是否平齐,装入沉头螺钉,用内六角扳手拧紧,如不平齐,用油石研磨直至浇口套与母模仁平齐。

二、注意事项

（1）清洗母模仁前,先用 M5 丝攻去除螺纹孔内的杂物。

图 8-20　浇口套与定模板组件

（2）浇口套为标准件采购,浇口套总长度根据通过浇口套零件的实际尺寸配磨。

（3）用内六角扳手拧紧沉头螺钉时,用力应均匀。

任务3.3　公模仁、公模仁镶件与动模板装配

公模仁、公模仁镶件与动模板组件是由公模仁、公模仁镶件与动模板组成,如图8-21所示,需把公模仁装入动模板中。

一、装配步骤

（1）将公模仁、公模仁镶件与动模板清洗干净,擦净上油。

（2）把动模板放在等高垫铁上,将公模仁、公模仁镶件装入定模板中(用铜棒轻轻敲击),反面装入沉头螺钉,用内六角扳手拧紧。

二、注意事项

（1）清洗公模仁、公模仁镶件与动模板前,先用 M8 丝攻去除螺纹孔内的杂物。

（2）用内六角扳手拧紧沉头螺钉时,用力应均匀。

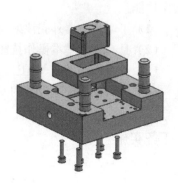

图8-21　公模仁镶件组件

任务3.4　滑块与动模板装配

滑块与动模板组件是由滑块、滑块压条、定位钢珠、滑块限位螺钉、定位销钉与动模板组成,如图8-22所示,需把滑块、滑块压条、定位钢珠、滑块限位螺钉等装在动模板上。

一、装配步骤

（1）将滑块、滑块压条、动模板清洗干净,擦净上油。

（2）把动模板放在等高垫铁上,将滑块放在动模板中并装入弹簧,压上滑块压条,装入圆柱销钉,使滑块压条通过圆柱销钉定位在动模板上,装入沉头螺钉,用内六角扳手拧紧。

（3）在滑块两侧装上滑块的限位螺钉,用内六角扳手拧紧。

（4）在动模座背面安装滑块的定位钢珠,用内六角扳手拧紧。

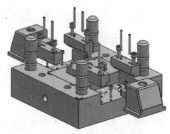

图8-22　滑块与动模板组件

二、注意事项

（1）清洗滑块、滑块压条、动模板前,先用丝攻去除螺纹孔内的杂物。

（2）滑块安装时要用圆柱销钉先定位再装入内六角螺钉。

（3）滑块安装后检查滑块移动是否顺畅。

（4）用内六角扳手拧紧沉头螺钉时,用力应均匀。

任务3.5　垃圾钉、垫块与动模座板装配

垃圾钉、垫块与动模座板组件是由垃圾钉和动模座板组成的,如图8-23所示,需把垃圾钉安装在动模座板中。

一、装配步骤

（1）将垃圾钉、垫块与动模座板清洗干净,擦净上油。

（2）把动模座板放在等高垫铁上,将垃圾钉按规定方向装在动模座板上,装入沉头螺钉,用内六角扳手拧紧,把垃圾钉固定在动模座板上。

（3）在安装好的动模座上放置垫块,装入沉头螺钉,用内六角扳手拧紧,把垫块固定到动模板上。

（4）垃圾钉安装完成后,检查各垃圾钉之间的高度是否平齐,如高度不平,在磨床上把高度磨平。

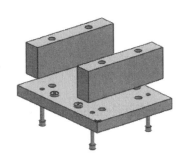

图 8－23　动模座板组件

二、注意事项

（1）清洗垃圾钉、垫块与动模座前,先用 M8 丝攻去除螺纹孔内的杂物。

（2）垫块安装要注意安装方向,不能装反。

（3）用内六角扳手拧紧沉头螺钉时,用力应均匀。

任务 3.6　顶针面板与顶针底板装配

顶针面板与顶针底板组件是由顶针、复位杆、顶针面板和顶针底板组成的,如图 8－24 所示,需把顶针、复位杆固定在顶针面板和顶针底板组件中。

一、装配步骤

（1）将顶针、复位杆、顶针面板、顶针底板清洗干净,擦净上油。

（2）把顶针面板放在等高垫铁上,将顶针、复位杆按规定方向装入顶针面板中,按照装配关系把顶针面板和顶针底板叠放在一起,装入沉头螺钉,用内六角扳手拧紧。

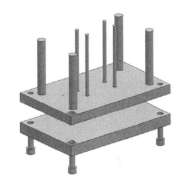

图 8－24　顶针板组件

（3）顶针、复位杆固定以后,按照装配关系,放置动模座板、垫块、动模板,把装配好的顶针面板与顶针底板组件放置在平齐的垃圾钉上面,根据顶针、复位杆通过模板实际尺寸,磨配顶针、复位杆长度。

二、注意事项

（1）清洗顶针面板前,先用 M6 丝攻去除螺纹孔内的杂物。

（2）用内六角扳手拧紧沉头螺钉时,用力应均匀。

（3）磨配顶针、复位杆长度时,根据动模部分的装配关系把顶针放置在已经装配好的垃圾钉与动模座板组件上。

▌归纳总结

通过对任务 3 的学习,学生学习了整流器外壳注射模各组件的装配步骤及要求,完成了母模仁与定模板组件、浇口套与定模板组件、公模仁、公模仁镶件与动模板组件、滑块与动模板组件、垃圾钉、垫块与动模座板组件、顶针面板与顶针底板组件等装配,为模具总装配做好准备。

任务 4　模具总装配

■任务分析

整流器外壳注射模总装配图,如图 8-1 所示。在整流器外壳注射模零件完成加工、组件装配结束之后,即可进行模具总装配。即把定位环,定模座板,母模仁与定模组件,浇口套与定模板组件,公模仁、公模仁镶件与动模板组件,滑块与动模板组件,垃圾钉、垫块与动模座板组件,顶针面板与顶针底板组件,动模座板等所有零部件,按照整流器外壳注射模各零件的装配位置关系,完成模具总装配,达到图样要求。

（1）掌握整流器外壳注射模的装配步骤。

（2）会操作加工设备,进行零件的补充加工,完成整流器外壳注射模装配。

■知识技能准备

实施任务 4 前,可学习相关教材、专业书、手册及本书附录,需具备一定的专业知识和操作技能:

（1）具有注射模具零件装配工艺知识。

（2）具有钳工基本操作技能。

（3）具有操作磨床等机床的知识与技能。

（4）具有操作各设备的安全知识。

■任务实施

任务 4.1　定模部分装配

定模部分装配主要是完成定模座板、定位环、斜导柱、母模仁与定模板组件、浇口套与定模板组件等的装配,如图 8-25 所示。

一、装配步骤

（1）将定模座板、定位环、斜导柱、母模仁与定模板组件、浇口套与定模板组件清洗干净,擦净上油。

（2）把母模仁与定模板组件放在等高垫铁上,装入斜导柱,依次放上定模座板,如图 8-26 所示,装入内六角螺钉,用内六角扳手拧紧。

（3）放置定位环,如图 8-27 所示,装入内六角螺钉,用内六角扳手拧紧,把定位环固定在定模座板上

二、注意事项

（1）装配前应准备好装配中需用的工具,并对定模座板、定位环、定模板、浇口套等标准零件及加工的非标准零件进行检查,合格后才能进行装配。

（2）所有零件在装配前应去除毛刺,表面涂上适量润滑油。装配时各零件应做好记号,方便今后拆装。

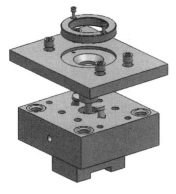 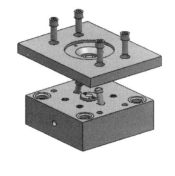 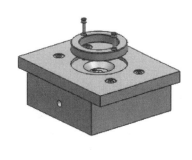

图8-25　定模部分装配　　　图8-26　斜导柱等装配　　　图8-27　装入定位环

（3）浇口套装入后要检查浇口套头部与母模仁是否平齐。

（4）紧固内六角螺钉时，应对角均匀拧紧。

任务4.2　动模部分装配

动模部分装配主要是完成公模仁、公模仁镶件与动模板组件、滑块与动模板组件、垃圾钉、垫块与动模座板组件、顶针面板与顶针底板组件等的装配，如图8-28所示。

一、装配步骤

（1）将公模仁、公模仁镶件与动模板组件、滑块与动模板组件、垃圾钉、垫块与动模座板组件、顶针面板与顶针底板组件清洗干净，擦净上油。

（2）把公模仁与动模板组件放在等高垫铁上，将顶针面板与顶针底板组件装入公模仁与动模板组件中，在复位杆上套上弹簧，如图8-29所示，检查顶针面板和顶针底板组件在公模仁与动模板组件中活动是否顺畅。

（3）依次再放置垫块、垃圾钉与动模座板组件，装入内六角螺钉，用内六角扳手拧紧，如图8-30所示。

二、注意事项

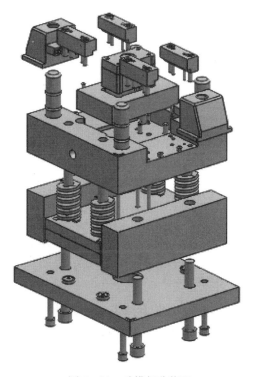

图8-28　动模部分装配

（1）装配前应准备好装配中需用的工具，并对动模座板、动模板、垫块、滑块、顶针、复位杆等标准零件及加工的非标准零件进行检查，合格后才能进行装配。

（2）所有零件在装配前应去除毛刺，表面涂上适量润滑油。装配时各零件应做好记号，方便今后拆装。

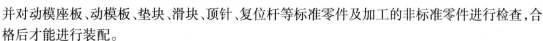

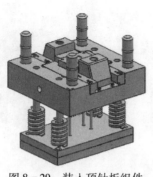

图 8-29 装入顶针板组件

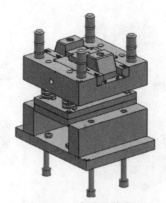

图 8-30 完成动模装配

（3）顶针面板与顶针底板组件装入公模仁与动模板组件后，要检查顶针面板与顶针底板组件移动是否顺畅。

（4）紧固内六角螺钉时，应对角均匀拧紧。

归纳总结

通过对任务4的学习，熟悉了整流器外壳注射模的装配步骤及要求，完成了模具总装配，可进行下一个任务——试模。

任务5　试模及调试

任务分析

整流器外壳注射模装配完成后，需进行试模，检查模具及工件质量是否合格，能不能达到图样要求。试模所用注射机型号为海达 HDX-128。

（1）熟悉整流器外壳注射模试模时常见问题及解决方法。

（2）会在注射机上安装模具，操作注射机。

知识技能准备

实施任务5前，可学习相关教材、专业书、手册及附录：

（1）熟悉海达 HDX-128 注塑机操作。

（2）熟悉整流器外壳注射模试模时常见问题及解决方法。

（3）了解模具在注射机上安装步骤。

（4）具有操作注射机设备的安全知识。

任务实施

一、整流器外壳注射模试模

（1）选用型号为海达 HDX-128 注塑机。

（2）把盖板注射模安装在注塑机上，安装模具后，应先空运行几次，模具安装稳妥后，仔细检查、调整模具，检查顶针、限位开关等动作是否正常，注意模具合模开模，在手动和低速状态下查看是否有不顺畅的动作和异声等。

（3）开、合模动作反复几次正常后，查看、调整顶出机构符合要求。

（4）设定注射参数，进行试射。

二、整流器外壳注射模的调试

整流器外壳注射模试模安装好以后，即可进行试射，检查工件质量，出现问题，可按表 5 - 2 进行调试。

三、注意事项

（1）模具安装到注塑机上后要牢固可靠。

（2）应遵守安全操作规程，确保操作安全。

（3）合模后，各承载面（分型面）之间不得有间隙。

（4）开模后顶出系统应保证顺利脱模，以便取出塑件及浇注系统废料。

■**归纳总结**

通过对任务 5 的学习，完成了整流器外壳注射模具的试模及调试。至此，已完整地学习了整流器外壳注射模具的制造。

附录一　模具制作实训评分标准

表1　模具制作实训评分表

班级		姓名		学号		总分	
序号	考核项目	配分	考 核 要 求			评分	得分
1	看懂图纸,认识模具结构,了解模具制作过程	10	很快、很好。			10	
			较快、较好。			8	
			需指导。			6	
			较差			0～5	
2	模具零件加工	30	能独立完成任务、质量合格。			30	
			能完成任务、质量合格。			20～29	
			能完成任务、少量零件作废、重做才合格。			10～20	
			不能完成任务或零件大量不合格			0～10	
3	模具装配	30	能够熟练地装配模具,质量合格,表现突出。			30	
			能够主动参与装配模具,质量合格。			20～29	
			能够参与装配模具,质量基本合格。			10～19	
			参与装配模具不主动或质量不合格			0～10	
4	模具试模、调试	20	能够熟练地安装模具进行试模,会解决试模中出现的问题,会对模具进行调试,并能指导他人。			20	
			能够安装模具进行试模,会解决试模中出现的问题。			15～19	
			在老师的指导下能够安装模具进行试模,解决试模中出现的问题。			6～15	
			掌握较差			0～6	
5	实训态度	10	认真。			10	
			比较认真。			8	
			一般。			6	
			不认真			0～5	
	安全、文明实训		酌情扣分,最多扣10分				

2 附录二 钳工模具装配常用工具

模具装配通常用到钳工装配的一些常用工具,如台虎钳、手锤、木锤、活动扳手、内六角扳手、一字起子、錾子、钳子、铜棒等,此外,还有一些自制的工具。

一、等高垫铁

等高垫铁又称等高铁、平行垫铁、平行铁,如图 1 所示。在模具装配时,一般较大的等高垫铁在模具加工装配等场合使用,较小的等高垫铁在冲裁模调整间隙等场合使用。通常等高垫铁成对使用。根据需要,等高垫铁可做成各种规格。

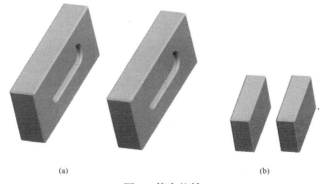

(a)　　　　　　　　　　　　　　　(b)

图 1　等高垫铁

(a)大等高垫铁;(b)小等高垫铁。

二、平行夹头

平行夹头又称双丝夹头,如图 2 所示。模具装配时,一般用来夹住几块模板进行配钻、配铰相关孔,通常成对使用。根据需要,平行夹头也可做成各种规格。

图 2　平行夹头

三、冲销器

冲销器如图 3 所示。通常垫在圆柱销上,用手锤敲打冲销器来装拆圆柱销。根据需要,冲销器可做成大小长短各种规格。

四、螺纹中心冲

螺纹中心冲如图4～图6所示。在模具装配加工时,可利用螺纹中心冲,拧入凹模(或凸模)的螺钉孔内,待凹模(或凸模)的位置确定后,螺纹中心冲即可在模板上印出螺钉孔的中心位置。图4所示的螺纹中心冲可用于较大直径的螺纹,图5所示的螺纹中心冲可用于较小直径的螺纹,图6所示的螺纹中心冲可用于螺纹通孔。根据需要,螺纹中心冲也可做成各种规格。

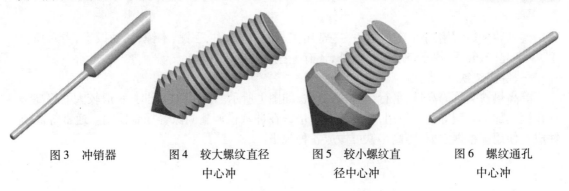

图3　冲销器　　　　图4　较大螺纹直径　　　图5　较小螺纹直　　　图6　螺纹通孔
　　　　　　　　　　　　　中心冲　　　　　　　径中心冲　　　　　　中心冲

五、心棒

心棒如图7所示。通常装在台钻钻夹头上,用砂纸来研磨凹模上的圆柱销孔。根据需要,心棒可做成各种规格。

六、套筒

套筒如图8所示,通常与内六角扳手配合使用。拧紧模具上内六角螺钉时,先用内六角扳手初步紧固,然后再在内六角扳手上套上套筒扳紧。松开内六角螺钉时,反之。根据需要,套筒可做成各种尺寸。内六角扳手如图9所示。

七、撬棒

撬棒如图10所示。通常用来分开上下模或动定模,一般成对使用,根据需要,撬棒可做成各种尺寸。

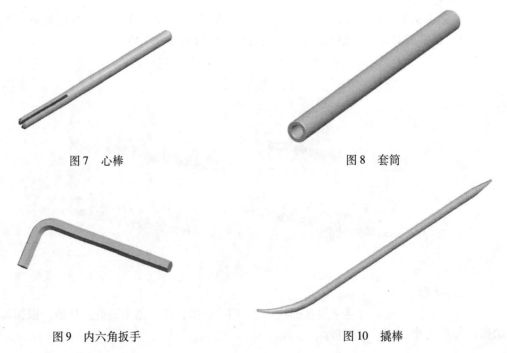

图7　心棒　　　　　　　　　　　　　　　　图8　套筒

图9　内六角扳手　　　　　　　　　图10　撬棒

3 附录三 冷冲压模具装配技术要求

冷冲压模具装配主要技术要求如下。

一、模具外观要求

（1）铸件表面应清理干净，使其光滑，并涂以绿色、蓝色或灰色油漆，使其美观。

（2）模具加工表面应平整、无锈斑、锤痕、碰伤、焊补等；除刃口、型孔外，其他锐边、尖角倒钝。

（3）模具质量大于25kg时，模具上应装有起重杆或吊钩、吊环。

（4）模具的正面模板上，应按规定打刻编号、制件号、使用压力机型号、制造日期等。

二、工作零件装配后的技术要求

（1）凸模、凹模、凸凹模与固定板装配后，在100mm长度上垂直度允差：

刃口间隙≤0.06mm时，小于0.04mm。

刃口间隙>0.06～0.15mm时，小于0.08mm。

刃口间隙>0.15mm时，小于0.12mm。

（2）凸模、凹模、凸凹模与固定板装配后，其安装尾部与固定板底面必须在平面磨床上磨平。表面粗糙度 Ra 在 1.6～0.80μm 以内。

（3）多个凸模工作部分高度的相对误差不大于0.1mm。

（4）镶拼的凸模或凹模，其刃口两侧平面应光滑一致，无接缝感觉。对弯曲、拉深、成型模的镶拼凸模或凹模工作表面，在接缝处的平面度不大于0.02mm。

三、紧固件装配后的技术要求

（1）螺栓装配后，必须拧紧，不许有任何松动。螺纹旋入长度在钢件连接时，不小于螺栓的直径。铸件连接时不小于1.5倍螺栓直径。

（2）定位圆柱销与销孔的配合松紧适度。圆柱销与每个零件的配合长度应大于1.5倍直径。

四、导向零件装配后的技术要求

（1）导柱压入模座后的垂直度，在100mm长度内允差：

滚珠导柱类模架≤0.005mm。

滑动导柱Ⅰ类模架≤0.01mm。

滑动导柱Ⅱ类模架≤0.015mm。

滑动导柱Ⅲ类模架≤0.02mm。

（2）导料板的导向面与凹模中心线应平行。其平行度允差：

冲裁模≤0.05/100mm。

连续模≤0.02/100mm。

五、凸、凹模装配后间隙的技术要求

（1）冲裁凸、凹模的配合间隙必须均匀。其误差不大于规定间隙的20%，局部尖角或转角处不大于规定间隙的30%。

（2）压弯、成型、拉深类凸、凹模的配合间隙装配后必须均匀。其偏差值最大不超过料厚+料厚的上偏差；最小值不超过料厚+料厚的下偏差。

六、装配后模具闭合高度的技术要求

（1）模具闭合高度≤200mm 时,允差-3～+1mm。

（2）模具闭合高度>200～400mm 时,允差-5～+2mm。

（3）模具闭合高度>400mm 时,允差-7～+3mm。

七、顶出、卸料件装配技术要求

（1）冲压模具装配后,其卸料板、推件板、顶板、顶圈均应露出凹模表面、凸模顶端、凸凹模顶端0.5～1mm。

（2）弯曲模顶件板装配后,在处于最低位置时,料厚为 1mm 以下时允差为 0.01～0.02mm。料厚大于 1mm 时允差为 0.02～0.04mm。

（3）顶杆、推杆长度,在同一模具装配后应保持一致。允差小于 0.1mm。

（4）卸料机构动作要灵活、无卡阻现象。

八、装配后模板平行度要求

装配后上模板上平面与下模板下平面的平行度有以下要求。

冲裁模：

（1）刃口间隙≤0.06mm 时,在 300mm 长度内≤0.06mm。

（2）刃口间隙>0.06mm 时,在 300mm 长度内≤0.08mm。

其他模具：

在 300mm 长度内≤0.10mm。

九、模柄装配后的技术要求

（1）模柄对上模板垂直度在 100mm 长度内≤0.05mm。

（2）浮动模柄凸凹球面接触面积≥80%。

十、其他要求

（1）定位及挡料尺寸应正确。冲压用的板料毛坯的定位尺寸是直接影响制件质量和材料消耗的,必须要达到图纸要求。

（2）出料孔（槽）应畅通无阻,保证制件或废料不致卡死在冷冲模内。

（3）标准件应能互换。尤其是坚固螺钉和定位圆柱销应保证与其孔的配合良好。

（4）在装配完毕后,模具应在生产条件下进行试冲,冲出的制件应完全符合图纸要求。

4 附录四 冷冲压模具零件装配与加工

一、压入式模柄装配

压入式模柄与上模座的配合为 H7/m6,压入式模柄装配后,模柄圆柱面和上模座上平面的垂直度误差一般为≤0.05/100mm。

压入式模柄的装配步骤如下:

(1) 擦净模柄和上模座孔的配合面,并涂上适量机油。

(2) 先用手锤把模柄敲入模柄孔中 2~5mm,检查垂直度,垂直后,在压力机上将模柄压入上模座孔中,如图 11(a)所示。模柄装配后,用角尺检查模柄圆柱面和上模座上平面的垂直度,保证垂直度误差≤0.05/100mm。

(3) 模柄垂直度检验合格后,钻铰防转销孔,装入防转销。

(4) 将模柄的端面与上模座一起在平面磨床上磨平,如图 11(b)所示。

二、凸模装配

(一)压入固定法

压入固定法如图 12 所示。

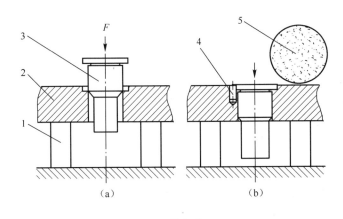

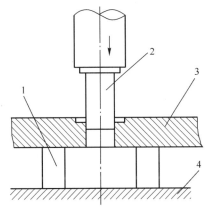

图 11 模柄装配

(a)模柄装配;(b)磨平端面。

1—等高垫铁;2—上模座;3—模柄;4—骑缝销;5—砂轮。

图 12 压入法

1—等高垫铁;2—凸模;3—固定板;4—平台。

用压入法固定凸模的步骤如下:

(1) 将等高垫铁 1 放在平台 4 上摆正。

(2) 把已加工完孔的凸模固定板 3 放在两个等高垫铁上,并使台阶孔朝上。

(3) 把凸模 2 放在固定板 3 孔内,使工作部分朝下,先用手锤敲入模柄孔中 2~5mm,检查垂直度,垂直后,用压力机将其压入固定板孔中。

(4) 检查凸模的垂直度。

在凸模压入过程中可检查 1~2 次垂直度,发现不垂直及时重装。检查方法是将精密刀口角尺两直角面放在凸模固定板和安装(或安装好的)凸模侧面上,查看直角尺与凸模的接触面有无缝隙存在,若无缝隙,表明凸模与凸模固定板是互相垂直的,即装配合格,如图 13 所示。

(5)压入后,把凸模固定板的底面与凸模底面一起用平面磨床进行磨平。

用压入固定法装配凸模时应注意如下几点:

(1)对有台阶的圆形凸模其压入部分应设有引导部分。引导部分可采用小圆角、小锥度或在 3mm 以内将直径磨小 0.03 ~ 0.05mm。无台阶的凸模压入端(非刃口端)四周可修成斜度或圆角,便于压入。当凸模不允许设有锥度或圆角时,可将固定板孔口制成斜度小于 1°,高约 5mm 的引导部分,便于凸模压入。

(2)凸模压入次序为:凡是装配易于定位,便于作其他凸模安装基准的优先压入;凡是较难定位或要依据其他零件定位的后压入。

(3)压入时应使凸模的中心位于压力机的中心。

(4)在压入过程中,应经常检查垂直度。压入很少一部分时就要检查,当压入 1/3 深度时再检查一次,不合格应及时调整。

(5)刃磨凸模刃口时,应以磨平的凸模底面和固定板底面为基准面。

(二)铆接固定法

用铆接法固定凸模如图 14 所示。常用于冲制工件厚度为 2mm 以下的凸模固定。其铆接的凸模一端(凸模非工作部分)可不经淬硬或虽经淬硬但硬度不要过高(小于 HRC24 ~ 26)。而凸模工作部分应淬硬,其淬硬的凸模长度,应是整个凸模长度的 1/2 ~ 2/3。

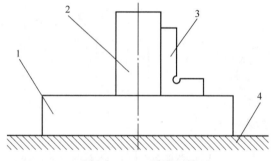

图 13　检查凸模垂直度

1—固定板;2—凸模;3—直角尺;4—平台。

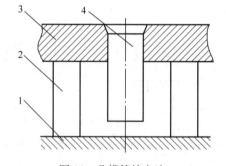

图 14　凸模铆接方法

1—平台;2—等高垫铁;3—固定板;4—凸模。

铆接固定凸模的步骤如下:

(1)将加工好的凸模固定板 3 放在装配平台 1 上,并用等高垫铁 2 将其垫起,使之一定要平行于工作台面。

(2)用压力机或手锤把凸模 4 装入固定板的孔中,检查凸模垂直度是否合格,不合格重新装配。

(3)用手锤和凿子将凸模的尾端铆翻,使其紧固在固定板中。

(4)再次检查凸模与其固定板的表面是否垂直。

(5)将铆翻的支持面,用平面磨床进行磨平,其表面粗糙度 Ra 在 1.6 ~ 0.8μm 以内。

(三)挤紧固定法

挤紧固定法是将凸模压入固定板后,用錾子环绕凸模外围对固定板型孔进行局部挤压,使固定板局部材料向凸模挤压而固定凸模的方法。如图 15(a)所示。该法适用于中、小型凸模与固定板的固定,要求固定板型孔加工精度较高。

装配时,把凸模压入固定板型孔,然后用錾子在凸模四周的固定板上进行挤压。挤压后重复检查凸模的垂直度,不符合要求时要修挤至合格。此法也可在凸模挤紧部位磨出沟槽进行挤紧,如图15(b)所示。

（四）螺栓固定法

螺栓固定法如图16所示,将凸模装入凸模固定板孔内,调整好位置和垂直度,用螺栓将凸模紧固。

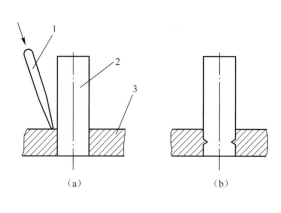

图15　挤紧法固定凸模
(a)挤紧凸模;(b)凸模上开槽。
1—錾子;2—凸模;3—固定板。

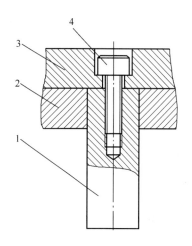

图16　螺栓紧固
1—凸模;2—凸模固定板;3—垫板;4—螺栓。

三、凸、凹模间隙调整

调整凸、凹模配合间隙的方法有以下几种。

1. 透光调整法

将模具的上模部分和下模部分分别装配,螺钉不要紧固,定位销暂不装配。将等高垫铁放在固定板及凹模之间,并用平行夹头夹紧。翻转冲模如图17所示,用手灯或电筒照射。从漏料孔中观察光线透过多少,确定间隙是否均匀并调整至合适。然后,紧固螺钉,经固定后的模具要用适当厚度的纸片进行试冲。如果样件四周毛刺较小且均匀,则配合间隙调整适合。如果样件某段毛刺较大,说明间隙不均匀,应重新调整至试冲合格为止。最后钻、铰定位销孔,装入定位销。

2. 垫片法

垫片法是根据凸、凹模配合间隙的大小,在凸、凹模配合间隙内垫入厚度均匀的纸片或金属片。调整凸、凹模的相对位置,保证配合间隙的均匀,如图18所示。

3. 工艺定位器调整间隙法

装配时用工艺定位器保证上、下模同心,如图19(a)所示。工艺定位器的结构如图19(b)所示。图中 d_1 与凹模成小间隙配合, d_2 与凸模成小间隙配合, d_3 与凸凹模的孔成小间隙配合, d_1、d_2、d_3 有较高的同轴度要求,以保证模具间隙均匀。

4. 试切法

当凸模与凹模之间的间隙小于0.1mm时,可以在其装配后用纸来进行试切。根据切下的制件四周毛刺分布情况(毛刺是否均匀一致),即可判断冲模的间隙是否合适,从而可确定是否需要以及往哪个方向调整凸模(或凹模)的位置,如图20所示。调整时可以用铜棒敲打固定板等模具零件。调整好以后,钻铰定位销钉孔并打入定位销钉。

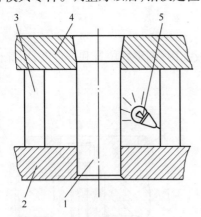

图17　透光调整配合间隙

1—凸模;2—固定板;3—等高垫铁;4—凹模;5—光源。

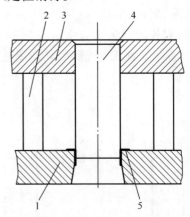

图18　垫片法调整配合间隙

1—凹模;2—等高垫铁;3—固定板;4—凸模;5—垫片。

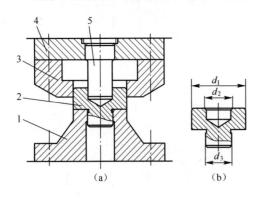

(a)　　　　　(b)

图19　用工艺定位器调整间隙

(a)调整间隙;(b)工艺定位器。

1—凸凹模;2—工艺定位器;3—凹模;

4—固定板;5—凸模。

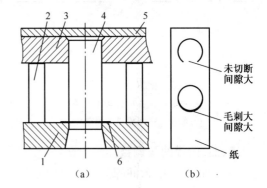

(a)　　　　　(b)

图20　冲纸调整间隙

(a)冲纸;(b)冲纸情况。

1—凹模;2—等高垫铁;3—固定板;

4—凸模;5—垫板;6—纸。

试冲所用纸的厚度,视间隙大小而不同。间隙小用薄纸,反之,则用厚纸(由普通薄纸到薄纸板)。一般可采用绘图纸。

装配冲裁模时,无论采用哪种方法控制凸、凹模间隙,一般装配后都应以纸做材料进行试冲。

四、钳工配作孔加工

模具零件有许多螺孔、螺钉过孔、凸模安装孔、卸料板上的凸模配合孔、销钉孔等结构,在相关的各零件之间,对孔距的一致性都有不同程度的要求。除使用坐标镗床等机床保证孔距要求外,大量的孔还可依靠钳工钻孔来保证孔距的一致性要求。钳工一般都是采取配作的方法来加工的。就是说,部份模具零件上的螺钉孔、销钉孔等的位置,不是按图纸尺寸划线确定的,而是在装配时根据被固定零件上已加工出的孔来确定的。

(一)钳工常用的配作方法

1. 直接引钻法

通过已钻铰的孔,对另一零件进行钻孔、铰孔。装配时将凸模或凹模的位置确定后,以该零件上已加工出的螺钉孔作钻模,直接在模板上引钻锥坑或通孔,然后进行钻孔或扩孔、攻丝等加工,如图21所示。采用这种方法时,注意钻头的直径应与用来导向的孔相适应,同时应避免损坏该孔。

2. 一同钻铰法

将有关模具零件,用平行夹头或螺钉夹紧成一体,然后同时钻孔或钻孔及铰孔,如图22所示。该方法能保证模具零件孔距一致。

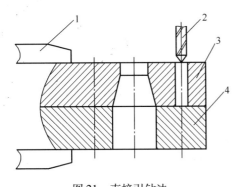

图21　直接引钻法

1—平行夹头;2—钻头;3—凹模;4—模板。

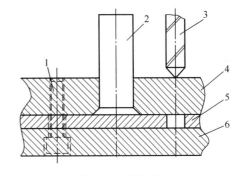

图22　一同钻铰法

1—螺钉;2—凸模;3—钻头;4—固定板;5—垫板;6—模板。

3. 用螺纹中心冲印孔法

在加工时,利用图23所示的螺纹中心冲,拧入凹模(或凸模)的螺钉孔内,待凹模(或凸模)的位置确定后,螺纹中心冲即可在模板上印出螺钉孔的中心位置,即可进行划线或钻孔,如图24所示。

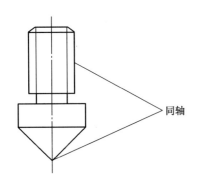

图23　螺纹中心冲

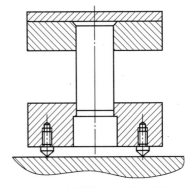

图24　用螺纹中心冲印孔位

采用上述方法时,应注意螺纹中心冲的尖端与螺纹要同心。此外,螺纹中心冲装入螺钉孔后,必须高度一致,否则会有高有低,打印时低的就印不出中心位置。

(二)销钉孔、螺钉孔的加工

1. 销钉孔加工

模板上的定位销钉孔,必须与被固定零件的位置完全一致。在装配时,应用平行夹头或螺钉将其拧紧以后,一起在钻床上加工。如果被固定零件已淬火过(凸模、凹模),其销钉孔就应预先加工好。这时,淬硬件上的销钉孔就可以作为钻模来进行钻铰(直接引钻法);如果被固定零件未淬火过(如固定板),则其销钉孔一般都不预先做出,而是在装配时与模板一同钻铰(一同钻铰法)。

为了保证销钉孔的加工质量(孔径精度、表面粗糙度及其形位公差),加工销钉孔时应注意以下几点:

(1)销钉孔的有效配合长度不宜过长(通常为孔径的 1~1.5 倍),其余部分孔径应扩大空开,以免影响铰孔精度。

(2)钻孔时,留铰削余量要适当。如果钻出的孔比较精确和光洁,可采用钻后铰孔的工艺。一般在直径上留 0.2~0.5mm 左右的铰削余量即可(直径小于 ϕ10mm 时可稍小一些,直径大于 ϕ20mm 时可稍大些)。如果采用钻孔后扩孔、然后再铰孔的工艺,则直径上留铰量 0.2~0.3mm 即可。

(3)在不同材料上铰孔时,应从较硬材料一方铰入。如果从较软材料一方铰入,则孔径容易扩大。

(4)铰孔时,应选用适当的切削用量,一般机铰时铰孔的转速为 $n=90~120r/min$,进给量 $f=0.1~0.3mm/r$。

(5)通过淬硬件的孔来铰孔时,应首先检查淬硬件孔是否因热处理而变形,如有变形现象,应使用标准硬质合金铰刀或硬质合金无刃铰刀进行铰孔纠正;或用旧铰刀铰孔后,再用铸铁研棒研磨纠正。待淬硬件的孔纠正后,方可通过铰孔,如图 25 所示。

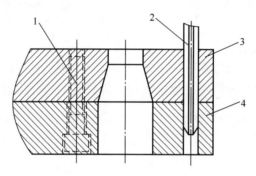

图 25　通过淬硬件的孔铰孔
1—螺钉;2—铰刀;3—凹模;4—模板。

(6)铰不通孔时,应先用标准铰刀铰孔,然后用磨去切削部分的旧铰刀铰孔的底部。

2. 螺钉过孔、卸料螺钉过孔加工

螺钉过孔、卸料螺钉过孔的加工一般采用配作方法。常见的有前面介绍的直接引钻法和用螺纹中心冲印孔法等方法。

5 附录五 塑料模具装配技术要求

塑料模具装配的主要技术要求。

一、模具外观装配技术要求

（1）模具非工作部分的棱边应倒角。

（2）装配后的闭合高度、安装部位的配合尺寸、顶出形式、开模距离等均应符合设计要求及使用设备的技术条件。

（3）模具装配后各分型面要配合严密。

（4）各零件之间的支撑面要互相平行，平行度≤0.05/200mm。

（5）大、中型模具应有起重吊钩、吊环，以便模具安装应用。

（6）装配后的模具应打上动、定模方向记号、编号及使用设备型号等。

二、成型零件及浇注系统

（1）成型零件的尺寸精度、形状和位置精度应符合设计要求

（2）成型零件及浇注系统的表面应光洁、无死角、塌坑、划伤等缺陷。

（3）型腔分型面、浇道系统、进料口等部位，应保持锐边，不得修整为圆角。

（4）互相接触的型芯与型腔、挤压环、柱塞和加料室之间应有适当间隙或适当的承压面积，以防在合模时零件互相直接挤压造成损伤。

（5）成型有腐蚀性的塑料时，对成型表面应镀铬、抛光，以防腐蚀。

（6）装配后，互相配合的成型零件相对位置精度应达到设计要求，以保证成型制品尺寸、形状精度。

（7）拼块、镶嵌式的型腔或型芯，应保证拼接面配合严密、牢固，表面光洁、无明显接缝。

三、活动零件的装配技术要求

（1）各滑动零件的配合间隙要适当，起、止位置定位要准确可靠。

（2）活动零件导向部位运动要平稳、灵活、互相协调一致，不得有卡紧及阻滞现象。

四、锁紧及紧固零件的装配技术要求

（1）锁紧零件要锁紧有力、准确、可靠。

（2）紧固零件要紧固有力，不得松动。

（3）定位零件要配合松紧合适，不得有松动现象。

五、顶出机构装配技术要求

（1）各顶出零件动作协调一致、平稳、无卡阻现象。

（2）有足够的强度和刚度，良好的稳定性，工作时受力均匀。

（3）开模时应保证制件和浇注系统的顺利脱模及取出，合模时应准确退回原始位置。

六、导向机构的装配技术要求

（1）导柱、导套装配后，应垂直于模座，滑动灵活、平稳、无卡阻现象。

（2）导向精度要达到设计要求，对动、定模具有良好导向、定位作用。

（3）斜导柱应具有足够的强度、刚度及耐磨性，与滑块的配合适当，导向正确。

（4）滑块和滑槽配合松、紧适度，动作灵活，无卡阻现象。

七、加热冷却系统的装配技术要求

（1）冷却装置要安装牢固，密封可靠，不得有渗漏现象。

（2）加热装置安装后要保证绝缘，不得有漏电现象。

（3）各控制装置安装后，动作要准确、灵活，转换应及时、协调一致。

6 附录六　塑料模具零件装配与加工

一、型芯的装配

（一）较小型芯的装配

图 26 所示为较小型芯的固定方式。台阶固定型芯如图 26（a）所示，其装配过程为：采用压入法将型芯直接压入固定板形孔中。在压入过程中，要注意校正型芯的垂直度、防止型芯切坏孔壁或使固定板变形。压入后，在平面磨床上用等高垫铁支撑，磨平固定板底平面。此型芯装配过程可参见附录四中压入式凸模装配。

配合螺纹固定型芯如图 26（b）所示，常用于热固性塑料模具。装配时先将型芯拧紧后，再用骑缝螺钉定位。对有方向性要求的型芯，拧紧型芯后，实际位置与理想位置之间可能会出现位置误差，可以通过修磨固定板 A 面或型芯 B 面消除，如图 27 所示。修磨前要进行预装，并测出 α 的大小。A 或 B 面的修磨量 Δ 按下式计算：

$$\Delta = S\alpha/360$$

式中　S——连接螺纹螺距（mm）；

　　　α——理想位置与实际位置之间的夹角（°）。

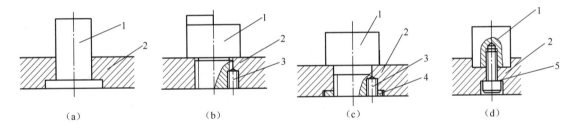

图 26　小型芯的固定方式

（a）台阶固定；（b）螺纹固定；（c）螺母紧固；（d）螺钉紧固。

1—型芯；2—固定板；3—骑缝螺钉；4—螺母；5—螺钉。

螺母紧固型芯如图 26（c）所示。型芯与固定板连接段采用 H7/k6 或 H7/m6 配合。装配过程为：将型芯压入固定板，用连接螺母紧固。型芯位置固定后，用骑缝螺钉定位。

螺钉紧固型芯如图 26（d）所示。型芯与固定板采用 H7/k6 或 H7/m6 配合。装配过程为：将型芯压入固定板，经校正合格后用螺钉紧固。压入前，型芯压入端的四周应略修斜度或将棱边修成小圆弧，以免切坏固定板孔壁。

（二）大型芯的装配

大型芯的装配，可采用如图 28 所示配作方法，其装配过程如下：

（1）在已加工成型的型芯上压入实心定位销套。

（2）用定位块和平行夹头固定好型芯在固定板上的相对位置。

（3）用划线或涂红丹粉的方式确定型芯螺纹孔位置。然后，在固定板上钻螺钉过孔及锪沉孔，用螺钉初步固定。

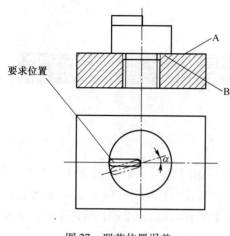

图27 型芯位置误差

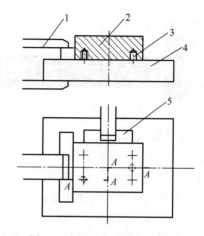

图28 大型芯与固定板的装配

1—平行夹头;2—型芯;3—定位销套;4—固定板;5—定位块。

（4）通过导柱、导套将推件板，型芯和固定板装合在一起，将型芯调整到正确位置后，拧紧固定螺钉。

（5）在固定板背面划出定位销钉孔位置，钻、铰销钉孔，并打入定位销定位。

（三）型芯与固定板装配要点

（1）装配前应检查型芯高度与固定板厚度，型芯与固定板孔的配合尺寸是否符合要求。

（2）台阶固定时，为避免影响装配质量，固定板通孔与沉孔底面拐角处的尖角必须倒钝，如图29所示。

（3）为便于将型芯压入固定板，防止切坏孔壁，可将型芯端部四周修出斜度。图30（a）所示为未带脱模斜度的型芯，修出斜度部分的高度一般在5mm以内，斜度取$10'\sim20'$，应不影响塑件的精度。图30（b）所示的型芯带有脱模斜度，具有导入作用，则不再需要修出斜度。如型芯上不允许修出斜度，则可以将固定板孔口修出斜度，如图31所示。此时斜度取1°以内，高度在5mm以内。

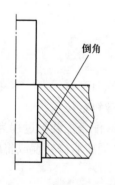

图29 沉孔底面倒角

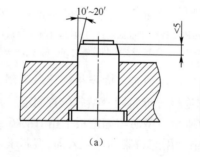
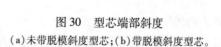

图30 型芯端部斜度

（a）未带脱模斜度型芯；（b）带脱模斜度型芯。

（4）型芯与固定板孔配合的尖角处，可以将型芯角部修成0.3mm左右的圆角，当不允许型芯修成圆角时，应将固定板孔的角部用锯条修出清角或窄槽，如图32所示。

（5）型芯压入固定板时应保持平稳，最好使用液压机。压入前，应在型芯表面涂润滑油，固定板放在等高垫铁上，将型芯导入部分敲入固定板孔以后，应测量并校正其垂直度，然后缓慢地压入。型芯压入一半左右时,再测量并校正一次垂直度。型芯全部压入后,再作最后的垂直度测量,不符合要求应校正或重新装配。

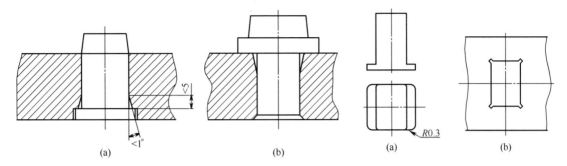

图31　固定板的导入斜度　　　　　　　　　图32　尖角配合处修正

(a)固定板下端孔口修出斜度;(b)固定板上端孔口修出斜度。　　(a)型芯角部倒圆角;(b)固定板角部开窄槽。

二、型腔的装配和修磨

(一)型腔的装配

塑料模具的型腔一般多采用镶嵌式或拼块式。装配后,要求动、定模板的分型面接合紧密、无缝隙。装配型腔时一般采取以下措施:

(1)型腔压入端一般不设压入斜度。常将压入斜度设在模板孔上,如图33和图34所示。

(2)对有方向性要求的整体镶嵌式型腔,为了保证其位置要求,一般先压入一小部分后,借助型腔的直线部分用百分表进行校正位置,经校正合格后,再压入模板。为了装配方便,也可采用型腔与模板之间保持0.01~0.02mm的配合间隙。型腔装配时,找正位置后用定位销固定,如图33所示。最后在平面磨床上将型腔的两端面和模板一起磨平。

(3)对拼块型腔的装配,一般拼块的拼合面在热处理后要进行磨削加工,保证拼合后紧密无缝隙。拼块两端留余量,装配后同模板一起在平面磨床上磨平,如图34所示。

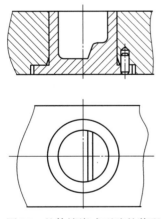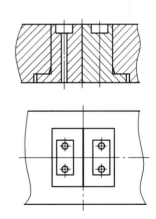

图33　整体镶嵌式型腔的装配　　　　　　图34　拼块式结构型腔的装配

(4)对工作表面不能在热处理前加工到尺寸的型腔,如果热处理后硬度不高(如调质处理),可在装配后采用切削加工方法达到尺寸要求。如果热处理后硬度较高,可在装配后采用电火花机床、坐标磨床等对型腔进行精加工达到精度要求。无论采用哪种方法,一般对型腔两端面都要留余量,装配后,同模板一起在平面磨床上磨平。

（5）多拼块型腔同时压入一个模板孔中,在压入最初的阶段,应用平行夹板将拼块夹紧,防止拼块尾端拼合处产生缝隙,并在压入拼块的尾端垫上一块平行垫板,将各拼块一起压入模板孔中,如图 35 所示。

（二）型腔的修磨

塑料模具装配后,有的型芯和型腔的表面或动、定模的型芯,在合模状态下要求紧密接触。为了达到这一要求,一般采用装配后修磨型芯端面或型腔端面的方法。

1. 型芯端面和型腔端面的间隙

如图 36 所示,型芯端面和型腔端面出现了间隙 Δ,可以用以下方法进行修磨,消除间隙 Δ:

（1）修磨固定板平面 A。拆去型芯将固定板磨去等于间隙 Δ 的厚度。

（2）修磨型芯台阶面 B。拆去型芯将 B 面磨去等于间隙 Δ 的厚度。但重新装配后需将固定板 C 面与型芯一起磨平。

（3）将型腔上平面 D 磨去等于间隙 Δ 的厚度。此法不用拆去型芯,比较方便。

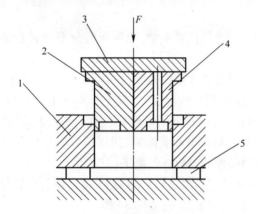

图 35　多拼块型腔的装配

1—固定板;2、4—型腔拼块;3—平垫板;5—等高垫铁。

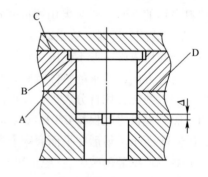

图 36　型芯与型腔端面间隙的消除

2. 型腔端面与型芯固定板的间隙

如图 37 所示,装配后型腔端面与型芯固定板之间出现了间隙 Δ,消除间隙 Δ 可采用以下修磨方法:

（1）修磨型芯工作面 A,如图 37（a）所示。因型芯工作面 A 不是平面,修磨复杂,一般不太适用。

（2）在型芯定位台阶和固定板孔底部垫入厚度等于间隙 Δ 的垫片,如图 37（b）所示。然后,再一起磨平固定板和型芯支撑面,此法只适用于小型模具。

（3）在型腔上平面与固定板平面间增加垫板,如图 37（c）所示。但对于垫板厚度小于 2mm 时,不适用。一般适用于大、中型模具。

三、斜导柱抽芯机构装配

（一）斜导柱的装配

斜导柱抽芯机构中的斜导柱装配如图 38 所示。一般是在滑动型芯和型腔装配合格后,用导柱、导套进行定位,将动模板、定模板、型腔、滑块等合装在一起,按所要求的角度进行配加工斜导柱孔。然后,再压入斜导柱,磨平定模板的上平面。为了减少侧向抽芯机构的脱模力,一般滑块上的斜导柱孔比斜导柱直径大 0.5～1mm。

（二）锁紧装置的装配

在滑块型芯和型腔侧向孔修配符合要求后，即可对锁紧装置进行装配。确定楔紧块的位置，保证楔紧块的斜面和滑块的斜面均匀接触。由于零件加工和装配中存在误差，所以装配中需进行修磨。为了修磨的方便，一般是对滑块的斜面进行修磨。

模具闭合后，楔紧块和滑块之间应有一定的锁紧力。因此，一般要求楔紧块和滑块斜面接触后，在模具分型模面之间留有 0.2mm 的间隙。如图 39 所示的模具，滑块斜面的修磨量可用下式计算：

$$b = (a-0.2)\sin\alpha$$

式中　b——滑块斜面修磨量（mm）；

　　　a——闭模后测得的实际间隙（mm）；

　　　α——楔紧块斜角（°）。

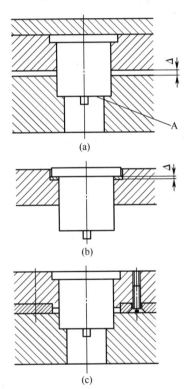

图 37　型腔板与固定板间隙的消除

（a）修磨 A 面；（b）垫入垫片；（c）加垫板。

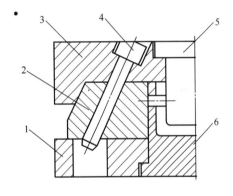

图 38　斜导柱的装配

1—动模板；2—滑块；3—定模板；4—斜导柱；5—型芯；6—型腔。

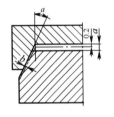

图 39　滑块斜面修磨量

（三）滑块复位、定位装置的装配

模具开模时，滑块在斜导柱作用下进行侧向抽芯。为了保证合模时斜导柱能准确地进入滑块的斜孔，滑块必须设置复位定位装置。图 40 所示为用定位板作滑块复位的定位装置。滑块复位的正确位置可以通过修磨与定位板的接触平面进行调整。

图 41 所示为用滚珠、弹簧定位的滑块复位定位装置，装配时，一般在滑块上配钻位置正确的滚珠定位锥窝，达到正确定位。

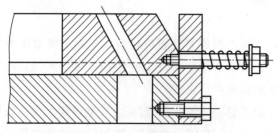

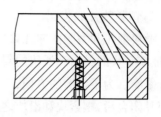

图40 用定位板作滑块复位的定位　　　　图41 用滚珠作滑块复位的定位

四、浇口套与定模板的装配

浇口套与定模板的装配,一般采用过盈配合。装配后,要求浇口套与模板配合紧密、无缝隙。浇口套和模板孔的定位台阶应紧密贴实。因此,浇口套装配时可略高出模板平面0.02mm,如图42所示。为了达到以上装配要求,浇口套的压入外表面一般不允许设置导入斜度,压入端可磨成小圆角,以免压入时切坏模板孔壁。同时压入的轴向尺寸应留有去除圆角的修磨余量。

装配浇口套时,将浇口套压入模板配合孔,使预留的修磨余量突出模板之外,在平面磨床上磨平,如图43所示。最后将磨平的浇口套稍稍退出,再将模板磨去0.02mm,重新压入浇口套即可。对于台阶和定模板间高出的0.02mm可由零件的加工精度保证,如图44所示。

图42 装配后的浇口套　　　　图43 修磨浇口套　　　　图44 修磨后的浇口套

五、推出机构装配

塑料模具的制件推出机构,一般是由推板、推杆固定板、推杆、推板导柱和复位杆等零件组成,如图45所示。装配技术要求为:装配后运动灵活、无卡阻现象。推杆在固定板孔内每边应有0.5mm的间隙。推杆工作端面应高出型面0.05~0.10mm。完成制件推出后,应能在合模时自动退回原始位置。

如图45所示的推出机构,其装配顺序如下:

(1) 先将推扳导柱6垂直压入支承板7内,并将端面与支承板一起磨平。

(2) 将装有推扳导套5的推杆固定板11套装在导柱上,并将推杆10,复位杆4穿入推杆固定板、支承板和型腔9的配合孔中,盖上推板12用螺钉3拧紧,并调整使其运动灵活。

(3) 修磨推杆和复位杆的长度。如果推板和限位钉2接触时,复位杆低于分型面、推杆低于型腔底面,则需更换限位钉。如果复位杆高于分型面、推杆高于型腔底面时,则修磨推板的底面或限位钉上面。

(4) 一般将推杆和复位杆在加工时稍长一些,装配后磨去多余部分。修磨后的复位杆应低于分型面0.02~0.05mm,推杆应高于分型面0.05~0.10mm。

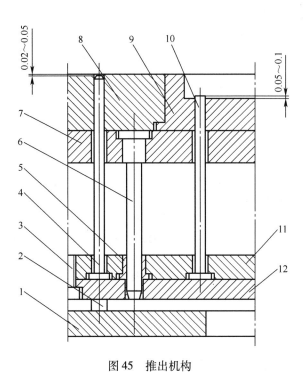

图45 推出机构

1—动模座板;2—限位钉;3—内六角螺钉;4—复位杆;5—导套;6—导柱;7—支承板;
8—固定板;9—型腔;10—推杆;11—推扳固定板;12—推板。

参 考 文 献

［1］张玉中.钳工实训.北京:清华大学出版社,2011.

［2］谭海林.模具制造技术.北京:北京理工大学出版社,2011.

［3］王新荣.模具制造工艺学.北京:电子工业出版社,2011.

［4］邱言龙.模具钳工实用技术手册.北京:中国电力出版社,2010.

［5］田光辉.模具设计与制造.北京:北京大学出版社,2009.

［6］冯丙尧.模具设计与制造简明手册(第三版).上海:上海科学技术出版社,2008.

［7］王立华.模具制作实训.北京:清华大学出版社,2006.

［8］欧阳永红.模具钳工实用手册.北京:中国劳动社会保障出版社,2006.

［9］许发樾.实用模具设计与制造手册.北京:机械工业出版社,2001.